김대석 셰프의
집밥 레시피

김대석 셰프의 집밥 레시피

초판 1쇄 발행 2023년 4월 26일
초판 13쇄 발행 2025년 1월 15일

지은이 김대석

발행인 장상진
발행처 (주)경향비피
등록번호 제2012-000228호
등록일자 2012년 7월 2일

주소 서울시 영등포구 양평동 2가 37-1번지 동아프라임밸리 507-508호
전화 1644-5613 | **팩스** 02) 304-5613

ⓒ김대석

ISBN 978-89-6952-539-0 13590

김대석 셰프의
집밥 레시피

김대석 지음

경향BP

안녕하세요.

요리하는 것이 즐거운, 마음이 따뜻한 남자 김대석 셰프입니다.

전남 여수시 돌산에서 태어나 19살이 되는 해에 무작정 상경한 뒤로
벌써 36년이 지났습니다. 서울 서초구 양재동 배나무골 오리집에서
설거지부터 시작하여 총괄 점장까지 경험한 후 무등산 왕돌구이집을
직접 운영했습니다.

제가 배우고 터득한 요리 노하우와 실전 레시피를 여러 사람과 공유
하고 싶어서 새로운 플랫폼인 유튜브에 올린 이후로 저에게는 많은
변화가 있었습니다. 오랫동안 고민하며 연구한 요리 레시피를 소개
하는 영상을 업로드했을 때 구독자분들이 해 주셨던 감사 인사들은
요리에 대한 저의 열정이 식지 않게 해 주는 원동력이었습니다.

오래전부터 많은 구독자분께서 "책으로 출간해 주세요."라는 요청을
해 주셔서 6개월 동안 정리하여 이렇게 요리책을 출간하게 되었습니
다. 그동안 애청해 주신 모든 분께 무한한 감사의 말씀을 드립니다.

이 책은 가정과 음식점에서 '더 맛있는 한 끼 식사'를 위해 필요한 레
시피를 담았습니다. 단순히 쉽고 빠르게 만드는 것에 초점을 두기보

다 익히 알고 있는 한식을 더 맛있게 만드는 노하우를 알려 주는 것에 중점을 두었습니다. 특히 책에 소개한 모든 레시피에 QR코드를 넣어 조리하다가 헷갈리는 부분이 있을 때 영상으로 자세하게 확인할 수 있도록 했습니다.

이 책이 여러분의 식생활 개선에 도움이 되기를 바랍니다.

감사합니다.

김대석

차례

밑반찬

국 / 찌개

김치

명절 요리

PART 5

특식

요리를 시작하기 전에 읽어 주세요!

계량

스푼 - 가정에 흔히 있는 어른용 밥숟가락으로 계량했습니다.

- **깎아서 1스푼** - 숟가락에 수북하게 쌓지 않고 수평으로 깎아서 계량한 상태입니다.
- **1컵** - 200mL짜리 종이컵으로 가득 채운 상태입니다.
- **크기** - 사과, 양파, 배, 당근 등은 중간 크기를 기준으로 했습니다. 재료의 크기에 맞게 조절해 주세요.
- **1줌** - 성인 남자 손으로 가볍게 잡은 정도입니다.
- **1꼬집** - 엄지손가락과 검지손가락 끝으로 가볍게 잡은 정도입니다.

간

요리의 맨 마지막 단계에서 취향에 맞게 간을 조절해 주세요.

믹서기 사용

믹서기를 사용하기 전에 잘 갈리도록 재료를 적당한 크기로 잘라 주세요.

불 조절

불 조절은 요리에서 정말 중요한 부분 중 하나입니다. 설명에서 불 조절에 대한 별다른 언급이 없을 때는 '중불'로 하되, 조리 상태에 따라 능동적으로 조절해 주세요.

- 팬에 눌어붙을 수 있는 요리는 꼭 약불로 해 주세요.

고추기름

재료
- 고춧가루 2컵
- 식용유 3컵
- 대파 1뿌리

1

팬에 식용유를 넣고 가열해 주세요.

2

약불로 줄이고 대파를 넣어 주세요. 노릇노릇해지면 불을 끄고 대파를 건져 주세요.

3

기름을 3분 정도 한 김 식힌 다음 고춧가루에 부어서 섞어 주세요.

point─ 기름이 팔팔 끓을 때 부으면 고춧가루가 시꺼멓게 탑니다.

4

기름과 고춧가루를 분리해서 담아 주세요. 기름은 깔끔한 요리에 사용하고, 고춧가루는 볶음이나 찌개 등에 사용하면 좋습니다.

만능양념장

재료

- 쪽파 1줌(80g)- 대파 대체
  가능
- 양파 ½개
- 청양고추 3개
- 홍고추 1개
- 마늘 5알
- 진간장 ½컵
- 생수 ¼컵
- 고춧가루 2스푼
- 설탕 깎아서 1스푼
- 참기름 2스푼
- 통깨 2스푼

1

2

쪽파, 양파, 청양고추, 홍고추는 잘게 썰고, 마늘은 다져 주세요.

진간장, 생수, 고춧가루, 설탕, 참기름, 통깨를 섞어 주세요. 30가지 요리에 사용할 수 있는 만능양념장 완성입니다.

생강술

재료
- 생강 300g
- 소주 1병
- 천일염 1스푼

<u>미리 준비하기</u> 생강을 물에 30분 불린 후 뚝뚝 끊으며 손으로 문지르면 흙이 제거됩니다. 이후 수저로 긁어 껍질을 깨끗하게 벗겨 주세요.

1

키친타월을 이용해 생강의 물기를 제거한 후 믹서기에 잘 갈리게 썰어 주세요.

2

믹서기에 생강을 담고 소주와 천일염을 넣어 완전히 곱게 갈아 주세요.

3

열탕 소독을 한 유리병에 생강술을 담아 주세요.

4

뚜껑을 닫아 김치냉장고에 보관해 주세요. 사용할 때는 여러 번 흔들어서 사용해 주세요.

point— 생강술을 사용하면 생선 비린내와 고기 누린내를 잡을 수 있고 요리가 고급스러워집니다.

PART 1

밑반찬

- ☐ 어묵볶음
- ☐ 고추장멸치볶음
- ☐ 지리멸치볶음
- ☐ 파절이무침
- ☐ 애호박볶음
- ☐ 달걀감자볶음
- ☐ 무콩나물볶음
- ☐ 가지볶음
- ☐ 가지나물
- ☐ 쪽파나물무침

- ☐ 콩나물무침
- ☐ 깻잎장아찌
- ☐ 도라지오이무침
- ☐ 도토리묵무침
- ☐ 미역초무침
- ☐ 노각무침
- ☐ 꼬막무침
- ☐ 삭힌고추
- ☐ 참외 장아찌 / 무침 / 냉국
- ☐ 멸치장아찌

- ☐ 고추장아찌
- ☐ 고추된장장아찌
- ☐ 고추젓갈장아찌
- ☐ 두릅장아찌
- ☐ 우엉조림
- ☐ 콩자반
- ☐ 달걀장
- ☐ 두부부침
- ☐ 무짠지
- ☐ 무짠지무침

어묵볶음

<u>**미리 준비하기**</u> 식용유 3스푼, 고춧가루 1스푼으로 고추기름을 만들어 주세요.

재료

- 어묵 4장(200g)
- 양파 ½개
- 대파 ½대
- 식용유 1스푼

양념

- 진간장 3스푼
- 미림 2스푼
- 굴소스 1스푼
- 다진 마늘 1스푼
- 황설탕 ½스푼
- 고추기름(식용유 3스푼 + 고춧가루 1스푼)
- 청양고추 1개
- 물엿 1스푼
- 참기름 ½스푼
- 통깨 1스푼

1

어묵, 양파, 대파, 청양고추를 썰어 주세요.

2

팬에 식용유를 두르고 양파와 대파를 볶아 주세요.

3

진간장, 미림, 굴소스, 다진 마늘, 어묵을 넣고 중불로 볶아 주세요.

4

어묵에 간이 어느 정도 됐을 때 황설탕, 고추기름, 청양고추, 물엿, 참기름, 통깨를 넣고 살짝 볶아 주세요.

고추장멸치볶음

<u>미리 준비하기</u> 멸치를 손질한 후 전자레인지에 40초 돌려서 비린내를 제거해 주세요.
양파는 잘게 다져 주고, 청양고추, 홍고추는 채 썰어 주세요.

재료

- 중멸(손질 후) 100g
- 양파 ⅓개
- 청양고추 1개
- 홍고추 ½개
- 식용유 2스푼

- 다진 마늘 1스푼
- 미림 2스푼
- 고추장 2스푼
- 진간장 ½스푼
- 물엿 2스푼

- 생강즙 1스푼
- 설탕 ½스푼
- 고춧가루 ½스푼
- 참기름 1스푼
- 통깨 1스푼

1
가열된 팬에 식용유를 두르고 잘게 썬 양파를 넣어 볶아 주세요.

2
다진 마늘, 미림, 고추장을 넣고 약불로 볶아 주세요.

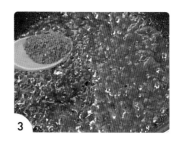

3
진간장, 물엿, 생강즙, 설탕, 고춧가루를 넣고 졸여서 양념을 만들어 주세요.

4
양념이 완성되면 불을 끈 다음 멸치를 넣고 섞어 주세요.

point — 불을 켠 상태에서 멸치를 볶으면 멸치가 딱딱해집니다.

5
홍고추, 청양고추, 참기름, 통깨를 넣고 섞어 주세요.

03 | 지리멸치볶음

재료
- 지리멸치 2컵(100g)
- 식용유 2스푼
- 다진 양파 가득 1스푼
- 미림 3스푼
- 다진 마늘 ½스푼
- 설탕 ½스푼(1차) + ½스푼(2차)
- 참기름 ½스푼
- 통깨 1스푼

1

달궈진 팬에 식용유 1스푼, 지리멸치를 넣고 약불로 2분 볶아 주세요.

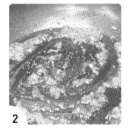

2

멸치를 접시에 따로 담아 두고, 다시 팬에 식용유 1스푼, 다진 양파를 넣고 약불로 볶아주세요. 양파가 노릇노릇해지면 다진 마늘, 미림, 설탕 ½스푼을 넣고 섞어 주세요.

3

접시에 담긴 멸치를 팬에 넣고 볶아 주세요.

point— 지리멸치볶음에는 간장, 물엿, 청양고추를 넣지 않습니다.

4

멸치가 어느 정도 볶이면 참기름, 설탕 ½스푼, 통깨를 넣고 섞어 마무리해 주세요.

point— 설탕을 2번 나누어서 넣어 줘야 바삭바삭한 맛이 좋습니다.

04 파절이무침

재료
· 대파 1대(120g)
· 무 100g

양념
· 고춧가루 1스푼
· 소금 ¼스푼
· 설탕 ⅓스푼(여름 무는 ½스푼)
· 멸치액젓 ⅓스푼
· 식초 ½스푼
· 참기름 1스푼
· 통깨 1스푼

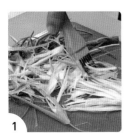

1

파채칼로 대파를 채 썬 다음 찬물로 헹궈 주세요.

2

파채를 얼음물에 10분 담가 매운 맛을 제거한 후 물기를 충분히 빼 주세요.

3

무를 채 썰어서 파채와 같이 담아 놓으세요.

4

고춧가루, 소금, 설탕, 멸치액젓, 식초, 참기름, 통깨를 넣고 무쳐 주세요.

point — 여름 무는 설탕을 조금 더 넣어야 합니다.
완성 후에 오래 보관하는 것보다 무쳐서 바로 먹는 것이 더 맛있습니다.

21

재료

- 애호박 1개(320g)
- 양파 ½개
- 소금 3꼬집(절일 때) + 1꼬집(간할 때)
- 새우젓 국물 1스푼

- 식용유 1스푼
- 다진 마늘 ½스푼
- 참기름 1스푼
- 통깨 ½스푼

1

애호박은 5mm 간격으로 채 썰어 주세요. 소금 3꼬집, 새우젓 국물을 넣어 애호박을 5분 절여 주세요.

point — 애호박을 절이면 볶을 때 부서지지 않고 간도 잘 뱁니다.

2

양파를 썬 다음, 팬에 식용유 1스푼을 두르고 볶아 주세요. 양파가 어느 정도 볶이면 소금 1꼬집을 넣어 간을 해 주세요.

3

절인 애호박을 넣어 처음에는 센불로 볶아 주세요.

4

애호박이 약간 익었을 때 다진 마늘, 참기름을 넣어 주세요.

5

애호박이 살캉살캉 익으면 불을 끄고, 넓은 그릇에 담아 펼쳐 식혀 주세요.

6

마지막으로 통깨를 뿌려 주세요.

<u>미리 준비하기</u> 감자는 껍질을 벗긴 후 채 썰어 주세요.

재료

- 감자 2개(300g)
- 천일염 ½스푼
- 물 300mL
- 식용유 3스푼
- 달걀 2개
- 맛소금 ¼스푼
- 설탕 ½스푼
- 후추 1꼬집
- 케첩 적당량

1

썰어 놓은 감자에 천일염, 잠길 정도의 물을 넣고 10분 정도 담가 전분을 빼 주세요.

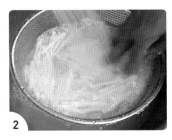

2

감자를 건진 다음 물에 한 번 씻고 물기를 빼 주세요.

3

팬에 식용유 2스푼을 두르고 감자를 4분 정도 볶다가 가운데에 공간을 만들어 주세요.

4

식용유 1스푼을 넣고 달걀, 맛소금, 설탕, 후추를 넣고 스크램블을 만들면서 감자와 함께 볶아 주세요.

5

케첩과 함께 먹으면 더욱 맛있어요.

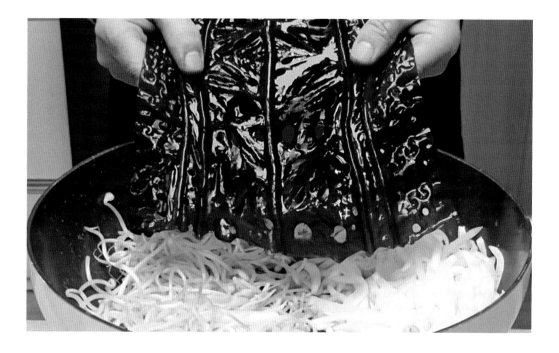

미리 준비하기 곰피와 콩나물을 깨끗이 씻어 주세요.

재료
- 무 350g
- 소금 ⅓스푼(절일 때) + ¼스푼(간할 때)
- 콩나물 300g
- 집간장(국간장) 1스푼
- 물 160mL
- 곰피 120g

- 소주 ¼컵
- 참기름 1스푼
- 대파 10cm
- 통깨 적당량
- 초고추장 적당량

1

무는 4mm 간격으로 채 썰고 소금 ⅓스푼을 넣어 15분간 절여 주세요.

point— 무를 절이지 않고 볶으면 부서질 수 있습니다.

2

팬에 무와 콩나물을 반으로 나누어 담고, 절인 무에서 나온 물도 함께 넣어 볶아 주세요. 콩나물의 숨이 죽으면 콩나물에만 소금과 집간장(국간장), 물을 넣고 마지막에 곰피를 펴서 덮어 주세요.

3

곰피 위에 소주를 붓고 1분 20초 쪄 주세요.

4

곰피를 접시에 올려 식혀 주고, 콩나물과 무를 뒤집어 주세요. 참기름, 통깨를 넣은 후 간을 맞춰 주세요.

5

접시에 콩나물과 무를 담고 대파와 통깨를 뿌려 주세요. 곰피를 적당한 크기로 자른 다음 콩나물과 무를 싸서 초고추장에 찍어 드세요.

가지볶음

<u>미리 준비하기</u> 가지, 양파, 청양고추, 대파를 썰어 주세요.

재료

- 가지 3개(380g)
- 양파 ½개
- 청양고추 1개
- 대파 1뿌리
- 식용유 1스푼
- 감자전분 2스푼
- 까나리액젓 ½스푼
- 통깨 1스푼

양념

- 진간장 3스푼
- 다진 마늘 1스푼
- 다진 생강 ½스푼
- 굴소스 2스푼
- 물엿 가득 2스푼
- 고추기름(식용유 3스푼 + 고춧가루 2스푼)

1

팬에 식용유 3스푼을 두르고 2분 정도 가열했다가 3~4분 정도 한 김 식혀 주세요. 여기에 고춧가루 2스푼을 넣고 섞어주면 고추기름 완성이에요.

2

진간장, 다진 마늘, 다진 생강, 굴소스, 물엿, 고추기름을 넣고 양념을 만들어 주세요.

point — 설탕보다는 물엿을 사용해야 양념의 색깔이 좋습니다.

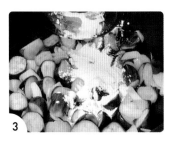

3

팬에 식용유 1스푼을 두르고 가지와 양파를 강불로 볶아 주세요. 어느 정도 볶이면 감자 전분을 넣고 섞어 주세요.

4

양념을 넣고 중불로 볶다가 대파와 까나리액젓을 넣어 주세요.

5

통깨를 넣고 마무리해 주세요.

29

09 | 가지나물

<u>미리 준비하기</u> 쪽파, 청양고추, 홍고추를 썰어 주세요. 청양고추, 홍고추는 씨를 빼 주세요.

재료
- 가지 3개
- 쪽파 10가닥
- 청양고추 1개
- 홍고추 1개

양념
- 국간장 2스푼
- 멸치액젓 1스푼
- 다진 마늘 1스푼
- 참기름 1스푼
- 간 통깨 1스푼

1 가지를 썰어서 찜기에 올리고 뚜껑을 닫고 센 불로 4분 쪄 주세요.

2 4분이 지나면 채반에 옮겨서 5분 정도 한 김 식혀 주세요.

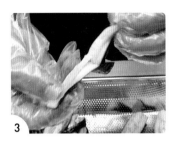

3 한 김 식힌 가지를 손으로 찢어 주고, 10분 더 식혀 주세요.

4 **양념 만들기** 국간장, 멸치액젓, 다진 마늘을 넣고 섞어 주세요.

point— 양념은 미리 만들어야 합니다. 미리 만들지 않고 바로 가지에 넣으면 양념이 골고루 섞이지 않습니다.

5 식힌 가지를 손으로 꾹 짜서 물기의 80%를 제거해 주세요.

6 가지에 양념, 쪽파, 청양고추, 홍고추, 참기름, 간 통깨를 넣고 무쳐 주세요.

31

쪽파나물무침

<u>미리 준비하기</u> 쪽파를 반으로 잘라 주세요.

재료
- 쪽파 2줌(300g)
- 천일염 1스푼
- 통깨 1스푼

양념
- 고추장 1스푼
- 고춧가루 1스푼
- 다진 마늘 1스푼
- 진간장 2스푼

- 멸치액젓 ½스푼
- 설탕 ½스푼
- 매실청 1스푼
- 식초 2스푼
- 참기름 1스푼

1

양념 만들기 고추장, 고춧가루, 다진 마늘, 진간장, 멸치액젓, 매실청, 설탕, 식초, 참기름을 넣고 저어 주세요.

point— 멸치액젓은 감칠맛을 내 줍니다. 설탕, 식초는 취향껏 조절해 주세요.

2

끓는 물에 천일염 1스푼을 넣어 소금을 충분히 녹여 주세요. 반을 자른 뿌리 쪽의 쪽파를 먼저 넣어 20초 데친 다음, 완전히 담가 20초 더 데쳐 주세요. 총 40초를 데칩니다.

point— 쪽파는 오래 데치면 금방 물러집니다.

3

데친 쪽파를 찬물로 2번 헹구고, 손으로 꼭 짜서 물기를 빼 주세요.

4

쪽파에 만들어 놓은 양념과 간 통깨를 넣고 조물조물 무쳐 주세요.

33

재료

- 콩나물 300g
- 물 1컵
- 양파 ¼개
- 대파 10cm
- 고춧가루 1스푼
- 다진 마늘 1스푼
- 맛소금 ¼스푼
- 멸치액젓 1스푼
- 참기름 1스푼
- 통깨 1스푼

1

팬에 콩나물을 담고 가운데에 공간을 만든 후 물 1컵을 넣고 강불로 3분 30초 삶아 주세요.

2

찬물에 콩나물을 부어 3번 헹구며 충분히 식혀 주세요.

point — 찬물에 헹구는 과정은 콩나물을 더욱 아삭하게 해 줍니다.

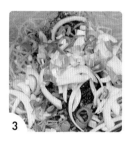

3

콩나물을 볼에 담고 양파, 대파, 고춧가루, 다진 마늘, 맛소금, 멸치액젓, 참기름을 넣어 주세요.

4

통깨를 넣고 무쳐 주세요.

point — 맛소금 대신 일반 소금을 사용해도 됩니다.

12 | 깻잎장아찌

재료

- 깻잎 300장(10묶음)
- 청양고추 5개
- 생강 2톨
- 진간장 2컵
- 물 4컵
- 소주 1컵
- 매실액 ¼컵
- 설탕 ½컵
- 건다시마 10g
- 식초 1컵

미리 준비하기

깻잎 끝부분을
잘라 통에 담아
주세요.
청양고추, 생강
을 썰어 주세요.

1

가스불에 생강을 바짝
구워 주세요.

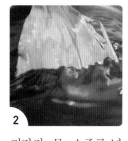

2

진간장, 물, 소주를 넣
고 불을 켜 주세요. 매
실액, 설탕을 넣고 저
어 주다가 건다시마를
넣고 끓어오르는 때부
터 중불로 5분 끓여 주
세요. 이후 불을 끄고
다시마를 건져 준 다음
식초를 넣어 주세요.

3

식히지 않고 뜨거울
때 깻잎에 부어 주세
요. 구운 생강을 넣고
누름판을 이용해서 깻
잎이 완전히 잠길 수
있도록 눌러 주세요.
실온에서 3일 보관하
면 깻잎장아찌가 완성
됩니다.

<u>미리 준비하기</u> 쪽파를 4등분해 주세요.

재료

도라지 손질
- 도라지 400g
- 소금 1스푼
- 설탕 1스푼
- 식초 2스푼
- 물 2컵

오이 절이기
- 오이 2개
- 소금 ½스푼
- 설탕 ½스푼

양념
- 2배식초 3스푼
- 매실액 2스푼
- 맛소금 ⅓스푼
- 설탕 2스푼
- 다진 마늘 1스푼
- 멸치액젓 1스푼
- 고춧가루 4스푼
- 고추장 가득 2스푼
- 물엿 가득 1스푼

마무리
- 쪽파 ½줌
- 통깨 1스푼

1 굵은 도라지는 과도로 썰고, 가늘고 긴 것은 가위로 잘라 주세요.

2 소금, 설탕, 식초, 물을 넣고 2분 정도 치대면서 쓴맛을 제거한 다음 20분 절여 주세요.

point— 쓴맛을 제거하는 과정으로 굉장히 중요합니다.

3 오이를 4~5mm 간격으로 썬 다음 소금, 설탕을 ½스푼씩 넣고 15분 절여 주세요.

4 **양념 만들기** 2배식초, 매실액, 맛소금, 설탕, 다진 마늘, 멸치액젓, 고춧가루, 고추장, 물엿을 넣고 섞어 주세요.

5 절인 도라지와 오이를 손으로 한 움큼씩 쥐어 물기를 꽉 짜 주세요. 이후 양념을 넣어 무쳐 주세요.

6 쪽파를 넣고 통깨를 뿌려 주세요.

14 | 도토리묵무침

<u>미리 준비하기</u> 꽃상추, 청상추, 양파, 오이, 당근, 쑥갓, 쪽파, 청양고추를 썰어 주세요.

재료

- 도토리묵 800g
- 꽃상추 4장
- 청상추 4장
- 양파 ½개
- 오이 ¼개
- 당근 조금
- 쑥갓 1줌
- 쪽파 5가닥

도토리묵 밑간
- 소금 2꼬집
- 들기름 1스푼
- 식초 1스푼

양념
- 청양고추 1개
- 다진 마늘 1스푼
- 진간장 4스푼

- 고춧가루 2스푼
- 설탕 1스푼
- 매실액 1스푼
- 물 2스푼

마무리
- 참기름 1스푼
- 통깨 1스푼

1

도토리묵을 먹기 좋은 크기로 썬 다음 소금, 들기름, 식초를 넣고 밑간을 해 주세요.

2

양념 만들기 청양고추, 다진 마늘, 진간장, 고춧가루, 설탕, 매실액, 물 2스푼을 넣고 섞어 주세요.

3

도토리묵에 양념, 준비한 채소들, 참기름, 간 통깨를 넣어 주세요.

4

골고루 무쳐 주세요.

미역초무침

<u>미리 준비하기</u> 미역을 씻기 전에 물을 끓여 주세요.

양파, 당근, 청양고추, 무, 대파 흰 부분을 잘게 썰어 주세요.

재료

- 생미역 1묶음(350g)
- 양파 ¼개
- 당근 조금
- 청양고추 1개
- 무 60g
- 대파 흰 부분 15cm
- 천일염 1스푼

양념

- 고춧가루 2스푼
- 매실액 1스푼
- 2배식초 2스푼
- 다진 마늘 1스푼
- 다진 생강 ⅓스푼
- 설탕 깎아서 1스푼

- 참기름 1스푼
- 레몬 ¼개
- 간 통깨 1스푼
- 맛소금 2꼬집

1

천일염으로 생미역을 바락바락 씻은 다음 끓는
물에 살짝 데쳐 주세요.

2

살짝 데친 미역을 건져서 바로 찬물에 담갔다가
물기를 꽉 짜 주세요.

3

미역 끝부분 20cm 정도와 긴 줄기 부분을 잘라
서 버리고, 먹기 좋은 크기로 썰어 주세요.

4

미리 준비한 채소를 넣고 고춧가루, 매실액, 2배
식초, 다진 마늘, 다진 생강, 설탕, 참기름, 레몬
즙, 간 통깨를 넣고 무쳐 주세요.

point — 싱거우면 맛소금으로 간을 맞춰 주세요.

노각무침

<u>미리 준비하기</u> 쪽파, 청양고추를 썰어 주세요.

재료

- 노각 1개(950g)
- 천일염 1스푼
- 물엿 2스푼

양념

- 고추장 가득 1스푼
- 된장 ⅔스푼
- 다진 마늘 1스푼
- 설탕 ½스푼
- 진간장 1스푼
- 매실액 1스푼
- 식초 1스푼
- 참기름 1스푼

마무리

- 고춧가루 1스푼
- 쪽파 7가닥
- 청양고추 1개
- 통깨 1스푼

1

노각 끝부분을 자르고 필러로 껍질을 제거한 다음 반으로 잘라 주세요.

2

숟가락을 이용해서 씨를 파내고 대각선으로 5mm 정도 길이로 썰어 주세요.

3

천일염, 물엿을 넣고 섞어서 노각을 20분 동안 절여 주세요.

4

양념 만들기 고추장, 된장, 다진 마늘, 설탕, 진간장, 매실액, 식초, 참기름을 넣고 섞어 주세요.

5

절인 노각의 물기를 꽉 짜 준 후 고춧가루를 넣고 코팅을 해 주세요. 이후 양념, 쪽파, 청양고추, 통깨를 넣고 무쳐 주세요.

꼬막무침

미리 준비하기 꼬막에 물, 천일염 2스푼, 숟가락을 넣고 검은 비닐봉지로 덮어서 2시간 해감해 주세

요. (바닷물과 비슷한 환경을 만들어야 합니다.)

무, 양파, 당근은 채 썰고, 부추는 4~5cm 정도로 잘라 주세요.

청양고추, 홍고추는 어슷 썰어 주세요.

재료
- 꼬막 800g
- 물 1L
- 천일염 2스푼
- 소주 ½컵
- 무 60g
- 양파(소) ¼개(40g)
- 당근 20g

- 부추 10가닥(30g)
- 청양고추 1개
- 홍고추 1개
- 통깨 ½스푼

양념
- 진간장 3스푼
- 고춧가루 1스푼
- 다진 마늘 ½스푼
- 설탕 ½스푼
- 미원 1꼬집
- 참기름 1스푼

1

꼬막을 3~4번 깨끗하게 씻어 주세요.

2

찬물에 꼬막을 넣어 끓이다가 미지근해질 때 소주를 넣어 한 쪽 방향으로 저으면서 끓여 주세요. 물이 끓어오르면 불을 바로 끄고, 불순물을 걷어 주세요. 꼬막 삶은 물은 체에 밭쳐 따로 보관해 주세요.

3

꼬막을 까서 그릇에 담고 꼬막 삶은 물을 꼬막에 부은 다음 수 저로 저어서 잔모래를 빼 주세요. 이후 꼬막만 건져내서 볼 에 담고 꼬막 삶은 물을 ½국자 부어 주세요.

point — 꼬막은 숟가락으로 까면 잘 까 집니다.

4

양념 만들기 진간장, 고춧가루, 다진 마늘, 설탕, 미원, 참기름 을 넣고 잘 섞어 주세요.

5

꼬막과 무, 양파, 당근, 부추, 청 양고추, 홍고추에 양념장, 통깨 를 넣고 골고루 무쳐 주세요.

45

삭힌고추

미리 준비하기 청양고추가 잠길 정도의 물에 식초 2스푼을 넣고 10분만 기다려 주세요. 잔류농약 제거에 탁월합니다.

재료
- 청양고추 1kg
- 물 2L
- 천일염 2½컵
- 소주 1½컵

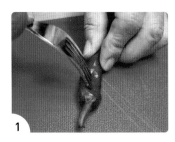

1

고추의 꼭지는 살짝 잘라내고, 포크를 이용하여 고추의 양쪽을 찔러서 바늘침을 내 주세요.

2

물 2L에 천일염 2½컵을 넣어 충분히 녹여 주세요.

point — 소금 양이 적으면 소주를 아무리 넣어도 골마지가 하얗게 끼게 됩니다.

3

불을 켜서 끓여 주세요. 소금물이 팔팔 끓으면 불을 꺼 주세요.

4

뜨거운 소금물을 바로 고추에 부은 다음 접시로 꾹 눌러 주면 고추가 완전히 잠깁니다.

point — 소금물이 뜨거울 때 바로 부어야 고추가 노랗게 변하고, 골마지도 덜 끼고, 개운한 맛이 납니다.

5

고추가 소금물에 완전히 잠긴 상태에서 1시간 두었다가 소주 1½컵을 넣어 주세요. 뚜껑을 닫고 그늘진 곳에서 15일 정도 숙성하면 삭힌고추가 완성됩니다.

point — 삭힌고추무침을 할 때는 소금기를 빼 준 후에 무쳐야 짜지 않습니다.

19 | 참외 장아찌 / 무침 / 냉국

참외장아찌

미리 준비하기

참외를 반으로 썰고, 씨를
숟가락으로 제거해 주세요.

재료

- 참외 12개(2.7kg)
- 천일염 1컵
- 물엿 3컵
- 식초 1컵
- 소주 1컵(처음 사용) + 1컵
  (4일 후 사용)

씨를 뺀 참외를 통에 차곡차곡 담아서 천일염 1컵을 골고루 뿌려
주세요. 물엿, 식초, 소주를 넣어 주고 통풍이 잘되는 그늘에서 이
틀 정도 보관하면 참외장아찌가 완성됩니다.

참외장아찌무침

재료

- 참외장아찌 2쪽
- 대파 조금
- 고춧가루 ½스푼
- 다진 마늘 ⅓스푼
- 매실액 ½스푼
- 참기름 ½스푼
- 간 통깨 ½스푼

참외장아찌를 적당한 크기로 썬 다음 대파, 고춧가루, 다진 마늘, 매실액, 참기름, 간 통깨를 넣고 무쳐 주세요.

참외냉국

재료

- 참외장아찌 2쪽
- 절인 국물 ½컵
- 생수 1½컵
- 다진 마늘 ⅓스푼
- 멸치액젓 ¼스푼
- 매실액 1스푼
- 청양고추 1개
- 홍고추 ½개
- 통깨 ½스푼
- 얼음 12조각

참외장아찌를 적당한 크기로 썰고, 절였던 국물을 ½컵 정도 담아 두세요.
생수 1½컵, 다진 마늘, 멸치액젓, 매실액을 넣고 저은 다음 청양고추, 홍고추, 통깨, 얼음을 넣어 주세요.

49

20	**멸치장아찌**	

미리 준비하기 멸치의 머리를 제거하고 등쪽 윗부분을 반으로 갈라 똥(내장)을 제거해 주세요. 이후 전자레인지에 30초 돌려서 비린내를 제거해 주세요.

재료
· 중멸 145g(손질 후 100g)

간장물
· 물 1½컵
· 진간장 ½컵
· 감초 1개
· 건고추 1개
· 물엿 ⅓컵

마무리
· 소주 ½컵
· 식초 1스푼

멸치장아찌무침
· 참기름 ½스푼
· 대파 흰 부분 조금
· 통깨 ½스푼

1

간장물 만들기 물 1½컵, 진간장, 감초, 건고추, 물
엿을 넣고 끓기 시작할 때부터 중불로 10분 끓인
다음 충분히 식혀 주세요.

point— 감초는 입맛을 당기게 하며, 건고추는 청양고추로 대
체해도 됩니다.

2

멸치를 털어서 그릇에 담고 식힌 간장물을 바로
부어 주세요.

3

감초를 올리고, 소주 ½컵, 식초 1스푼을 둘러 주
세요. 뚜껑을 열어 놓고 소주의 알코올 성분을
약간 날려 주세요.

4

멸치장아찌무침 멸치를 털어 간장물을 따라내고,
참기름, 대파 흰 부분, 통깨를 넣어 무쳐 주세요.

고추장아찌

재료

- 풋고추 1kg
- 청양고추 200g
- 진간장 3컵
- 물 3컵
- 식초 1컵
- 소주 1컵
- 매실액 ½컵
- 설탕 1컵
- 건다시마 10g

미리 준비하기

풋고추를 식촛물에 15분 정도 담가서 잔류농약을 뺀 다음 깨끗이 씻어 건조시켜 주세요.

1

풋고추와 청양고추의 끝부분을 간장물이 잘 밸 수 있도록 살짝 잘라 주세요.

2

진간장, 물, 식초, 소주, 매실액, 설탕, 건다시마를 넣고 끓기 시작할 때부터 5분 끓여 주세요. 이후 다시마를 건져 주고 한 김 식혀 주세요.

3

풋고추와 청양고추를 담은 통에 간장물을 부어서 잘 섞어 주고 30분 정도 식힌 후 누름판으로 눌러서 실온에 3일 보관하면 고추장아찌가 완성됩니다.

22 | 고추된장장아찌

재료

- 풋고추 1.5kg
- 된장 2컵(500g)
- 소주 1컵
- 물엿 ½컵
- 밀가루풀 ½컵
- 생강술 2스푼
- 멸치액젓 ¼컵
- 다진 마늘 2스푼
- 고춧가루 2스푼
- 천일염 2스푼

미리 준비하기

풋고추를 식촛물에 15분 정도 담가서 잔류농약을 뺀 다음 깨끗이 씻어 건조시켜 주세요.

1

고추의 양쪽 끝부분을 가위로 잘라 주세요.

2

된장, 소주, 물엿, 밀가루풀, 생강술, 멸치액젓, 다진 마늘, 고춧가루, 천일염을 넣고 섞어 주세요.

3

만든 양념에 고추를 버무려서 통에 담아 주면 된장고추장아찌가 완성됩니다.

<u>미리 준비하기</u> 풋고추와 청양고추를 식촛물에 15분 정도 담가서 잔류농약을 뺀 다음 깨끗이 씻어 건조 시켜 주세요.

재료

- 풋고추 500g
- 청양고추 300g
- 멸치 생젓 2컵
- 새우젓 ½컵
- 천일염 2스푼
- 소주 ½컵
- 생강 2톨

고추젓갈장아찌무침
- 고춧가루
- 설탕
- 다진 마늘
- 참기름
- 통깨

1

멸치생젓, 새우젓, 소주, 천일염, 편 썬 생강을 섞어 주세요.

point — 소주를 넣어 줘야 골마지가 끼지 않고 방부 효과가 확실합니다.

2

큰 지퍼백에 풋고추를 담고, 다른 지퍼백에 청양고추를 담아 주세요.

3

풋고추 지퍼백에 젓갈양념 2컵을 담고 지퍼백을 잘 흔들어 섞은 다음 입구를 잘 닫아 주세요. 청양고추 지퍼백에는 나머지 젓갈양념을 다 붓고 잘 흔들어 섞은 다음 입구를 잘 닫아 주세요.

4

김치통에 지퍼백째 담아 5개월을 삭히면 고추젓갈장아찌가 완성됩니다.

고추젓갈장아찌무침 고춧가루, 설탕, 다진 마늘, 참기름, 통깨를 넣어 무쳐 주세요.

보관 방법

통풍이 잘되는 그늘진 베란다에 5개월간 두었다가 냉장 보관해 주세요.
햇빛을 보면 골마지가 끼거나 상할 수 있으니 유의해 주세요.

두릅장아찌

재료
- 두릅 500g
- 천일염 가득 1스푼
- 진간장 1½컵
- 물 1컵

- 설탕 1컵
- 건다시마 20g
- 식초 1컵
- 소주 1컵

1

끓는 물에 천일염을 넣고 충분히 저어 녹여 주세요. 두릅을 뿌리 쪽만 담가서 20초 데친 다음 완전히 담가 40초 더 데쳐 주세요. 총 1분을 데쳐 주세요.

point — 두릅에는 독성이 있는데, 특히 뿌리 쪽에 많기 때문에 뿌리 쪽을 더 오래 데쳐야 합니다.

2

데친 두릅은 바로 찬물에 2~3회 헹구면서 씻어 주세요. 뿌리 쪽은 도려낸 후 +자로 칼집을 내 주고 물기를 완전히 제거해 주세요.

point — +자로 칼집 낸 곳으로 간장물이 배게 됩니다.

3

물기가 완전히 제거된 두릅을 통에 차곡차곡 넣어 주세요.

point — 물기를 잘 제거해야 일년이 지나도 맛이 변하지 않습니다.

4

간장물 만들기 진간장, 물, 설탕을 넣어 충분히 녹인 다음 건다시마를 넣어 끓여 주세요. 끓기 시작할 때부터 3분을 더 끓여 주고, 불을 끈 다음 식초와 소주를 넣어 주세요.

5

간장물이 뜨거울 때 두릅에 부어 주세요. 다시마는 두릅 위에 올려서 같이 보관해 주세요.

6

3~4일 뒤에 다시마를 건져 내 주세요.

재료
- 우엉 2개(손질 후 350g)
- 밀가루 1스푼
- 식용유 2스푼
- 물 1컵
- 진간장 4스푼
- 물엿 가득 4스푼
- 들기름 1스푼
- 통깨 1스푼

1

우엉을 씻으면서 껍질을 벗겨 주세요. 우엉 껍질에는 영양분이 많기 때문에 칼등으로 살짝만 벗겨 주세요.

2

우엉을 채 썰어서 물에 담가 주세요. 밀가루를 넣고 풀어서 20분 기다려 주세요.

point — 밀가루는 우엉의 아린 맛을 없애 줍니다.

3

우엉을 찬물에 헹군 후 물기를 빼 주세요.

4

식용유를 두르고 물기 뺀 우엉을 넣어 강불로 3분 볶다가 물, 진간장, 물엿 1스푼을 넣어 잘 섞은 후 중불로 12분 졸여 주세요.

5

자작하게 남은 국물이 있는 상태에서 우엉을 계속해서 볶아 주세요.

point — 우엉을 계속 볶는 과정이 중요합니다. 색감도 예뻐지고, 식감도 쫀득해집니다.

6

우엉이 어느 정도 익으면 물엿 2스푼을 넣고 5분 더 볶아 주고, 들기름과 물엿 1스푼, 통깨로 마무리해 주세요.

point — 우엉조림에는 설탕을 넣지 않습니다. 설탕을 넣으면 우엉이 딱딱해집니다.

재료
- 서리태 2컵(250g)
- 물 500mL(1차) + 250mL(2차)
- 건다시마 5g
- 생강 5g

- 식용유 1스푼
- 진간장 2스푼
- 국간장 1스푼
- 물엿 가득 3스푼

- 참기름 ½스푼
- 통깨 1스푼

1

서리태를 찬물에 4번 씻어 주세요. 상태가 안 좋은 것은 골라내 주세요.

2

물을 1차로 500mL만 부어 주세요. 건다시마, 생강, 식용유를 넣고 뚜껑 닫지 말고 강불로 10분 끓여 주세요.

3

10분 정도 끓인 다음 약불로 줄여 주세요. 다시마를 건져내고 나머지 물 250mL를 부어 주세요.

4

진간장, 국간장을 넣고 뚜껑 닫은 채로 약불로 10분 끓여 주세요.

5

불을 끄고 생강을 건져 주세요. 물엿, 참기름을 섞은 다음 통깨를 뿌려 주세요.

6

간이 부족하면 물엿을 추가해 주세요.

<u>미리 준비하기</u> 쪽파, 청양고추, 홍고추, 대파, 양파를 썰어 주세요.

재료

- 달걀 20개
- 천일염 1스푼
- 대파 1대
- 양파 ½개
- 식용유 2스푼
- 쪽파 9가닥
- 홍고추 2개
- 청양고추 2개

- 식초 1스푼
- 참기름 1스푼
- 통깨 1스푼

간장물

- 물 1L
- 건다시마 10g
- 국물멸치 ½줌
- 진간장 1컵
- 미림 ¼컵
- 흑설탕 3스푼
- 물엿 2스푼

끓는 물에 천일염, 달걀을 넣고 한 방향으로 저어 주면서 보글보글 올라오는 때부터 5분 삶아 주세요. 이후 찬물로 달걀을 식혀 주세요.

point— 달걀을 저어 주면서 삶으면 달걀노른자가 중앙에 예쁘게 자리 잡습니다.

준비한 웍에 양파와 대파, 식용유를 넣고 볶아 주세요. 노릇노릇하게 볶이면 물, 건다시마, 멸치, 진간장, 미림, 흑설탕을 넣고 15분 끓여서 간장물을 만들어 주세요.

달걀이 식으면 껍데기를 까 주세요. 간장물의 건더기를 건져 준 다음 물엿을 넣고 섞어 주세요. 이후 완전히 식혀서 사용하세요.

준비한 통에 간장물을 부은 다음 쪽파, 홍고추, 청양고추를 넣고 식초, 참기름, 통깨를 뿌려 주세요.

28

두부부침

<u>미리 준비하기</u> 청양고추, 대파를 잘게 다져 주세요.

재료
- 두부 1팩(300g)
- 식용유 적당량

양념
- 청양고추 1개
- 대파 12cm
- 진간장 4스푼
- 물 2스푼

- 고춧가루 ½스푼
- 다진 마늘 ½스푼
- 설탕 ½스푼
- 참기름 1스푼
- 통깨 1스푼

1 두부를 흐르는 물에 한 번 씻고, 키친타월에 싸서 물기를 제거해 주세요.

2 **양념 만들기** 청양고추, 대파, 진간장, 물, 다진 마늘, 설탕, 참기름, 통깨, 고춧가루를 섞어 주세요.

3 두부를 1cm 간격으로 썰어 주세요. 팬에 식용유를 적당량 두르고 중불로 두부를 부쳐 주세요.

4 만들어 둔 양념장을 두부에 올려 주세요.

무짠지

재료
- 천수무 1단(7개)
- 천일염 2컵(1차) + 1½컵(2차)
- 고추씨 2컵
- 소주 1병(360mL)
- 물 3.2L
- 대추 10개

1

천수무를 다듬은 다음 깨끗하게 씻어 주세요.

point— 무짠지는 가을에 나오는 무로 담가야 합니다.

2

무를 물에 살짝 적신 다음 천일염을 골고루 펴 발라 주세요. 이후 김치통에 넣고 남은 천일염을 골고루 뿌려 주세요.

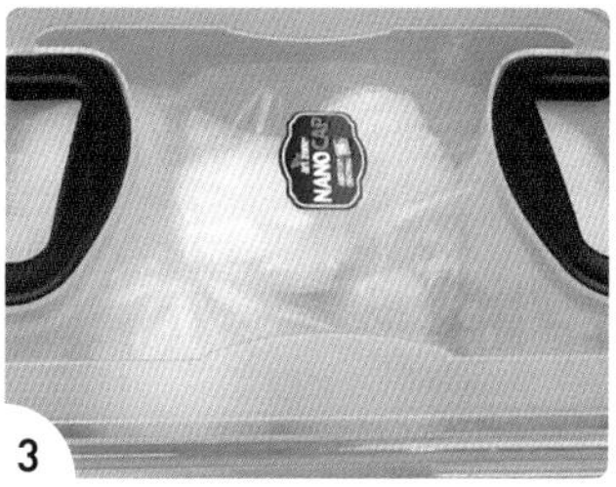

3

김장용 비닐을 잘 묶은 다음 뚜껑을 닫아서 실온에서 2일간 절여 주세요.

4

2일 후에 무가 낭창낭창 절여지면 고추씨, 소주를 넣어 주세요.

5

물 3.2L에 천일염을 넣어 녹이고, 대추를 넣어 주세요.

6

김장용 비닐을 꽉 묶어서 풀어지지 않게 보관해 주세요.

보관 방법

이듬해 봄까지 햇빛이 안 드는 베란다에 보관했다가 봄이 되어 날씨가 따뜻해지면 김치냉장고에 보관해 주세요.

30

무짠지무침

재료

- 무짠지 ½쪽(420g)
- 고춧가루 1스푼
- 다진 마늘 1스푼
- 매실액 1스푼
- 쪽파 5가닥
- 참기름 1스푼
- 통깨 1스푼

1

무짠지를 얇게 채 썬 다음 찬 물에 2~3회 헹구어 짠기를 빼 주세요. 중간중간 간을 확인해 주세요.

2

짠기가 많은 경우 물에 15~20 분 담가 두세요

point — 무짠지무침의 핵심 비법은 짠 기를 알맞게 빼는 겁니다.

3

고춧가루, 다진 마늘, 매실액, 쪽파, 참기름, 통깨를 넣어 무 쳐 주세요.

point — 짠기를 너무 많이 뺀 경우 소 금으로 간을 하면 됩니다.

PART 2

국 / 찌개

김치찌개

미리 준비하기 대파, 청양고추, 두부는 적당한 크기로 잘라 주세요.
양파는 최대한 잘게 썰어 주세요.

재료

- 돼지고기 앞다릿살 350g
- 배추김치 ¼포기
- 양파 ½개
- 설탕 ½스푼
- 미림 2스푼

- 김치국물 1½컵
- 사골육수 300mL
- 물 500mL
- 다진 마늘 1스푼
- 고춧가루 2스푼

- 새우젓 1스푼
- 멸치액젓 1스푼
- 청양고추 2개
- 두부 ½모
- 대파 1대

1

앞다릿살에서 비계를 분리해서 잘게 썰어 주세요. 살코기도 먹기 좋게 잘라 주세요.

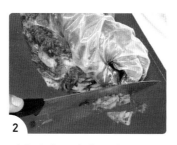

2

배추김치를 썰어 주세요.

3

비계와 양파를 함께 볶다가 양파가 노릇해지면 살코기를 넣고 같이 볶아 주세요.

4

고기가 볶이면 설탕, 미림, 썰어 둔 김치를 넣어 주세요.

5

김칫국물과 사골국물을 넣어 주세요. 뚜껑을 닫고 5분 끓인 후 물을 넣고 계속 끓여 주세요.

point— 물을 먼저 넣고 끓이면 잘 졸지 않기 때문에 물은 꼭 나중에 넣어 주세요.

6

다진 마늘, 고춧가루, 새우젓, 멸치액젓, 썰어 놓은 청양고추를 넣고 충분히 끓여 주세요. 마지막에 두부와 대파를 넣어 주세요.

02 | 된장찌개

미리 준비하기 대파, 양파, 청양고추, 홍고추, 애호박을 썰어 주세요.

마늘을 다져 주세요.

재료

- 식용유 1스푼
- 양파 ¼개(처음 볶을 때) + ¼개
  (마무리 할 때)
- 대파 20cm
- 다진 마늘 ½스푼
- 된장 2스푼

- 청국장 1스푼
- 절단꽃게 1마리
- 두부 150g
- 애호박 ½개
- 청양고추 2개
- 홍고추 1개

육수

- 물 640mL
- 국물멸치 1줌
- 건새우 1줌
- 건다시마 10g

육수 만들기 물에 국물멸치, 건 새우, 건다시마를 넣고 7분 끓 이고 다시마는 건져 주세요. 이후 5분 더 끓여 주세요.

뚝배기에 식용유, 채 썬 양파, 대파, 다진 마늘을 넣고 볶아 주세요.

마늘 향이 올라오면 된장, 청국 장, 물 2스푼을 넣고 약불로 계 속 볶아 주세요.

point— 된장과 청국장을 함께 볶아 주 면 짠기가 빠지고 구수한 맛이 올라옵 니다.

끓여 놓은 육수와 절단 꽃게, 두부, 애호박, 양파, 청양고추, 홍고추를 넣어 주세요.

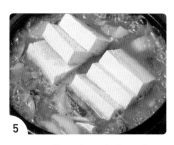

두부를 넣고 마무리해 주세요.

미리 준비하기 무를 약간 두껍게 나박 썰어 주세요.

대파를 잘게 썰어 주세요.

재료
- 무 ¼개(450g)
- 국간장 3스푼
- 소고기 양지 300g
- 물 2.3L
- 건다시마 15g

- 함초소금 ¼스푼
- 다진 마늘 ½스푼
- 까나리액젓 1스푼
- 후추 조금
- 대파 1뿌리

1

썰어 둔 무에 국간장을 넣고 15분 절여 주세요.

point — 국간장으로 무를 절이면 무가 부서지지 않고 식감도 좋아집니다.

2

소고기 양지를 물에 20분 정도 넣고 핏물을 빼 주세요. 이후 깨끗이 2번 씻어 주세요.

3

냄비에 소고기 양지와 물을 넣고 5분 끓여 주다 가 절인 무, 건다시마를 넣고 10분 끓인 후 다시 마를 건지고 20분 더 끓여 주세요.

4

함초소금, 다진 마늘, 까나리액젓, 후추를 넣고 중약불로 10분 더 끓여 주다가 대파를 넣고 마무리해 주세요.

75

미리 준비하기 무를 나박 썰고 국간장 2스푼을 넣어 15분 절여 주세요.

→ 무에 간이 잘 배어들어 무가 물러지지 않고 식감이 좋아집니다.

재료

- 오징어 1마리
- 무 300g
- 국간장 2스푼
- 새우젓 국물 1스푼
- 다진 마늘 1스푼
- 미림 1스푼

- 고춧가루 ½스푼
- 청양고추 1개
- 홍고추 1개
- 대파 ½대
- 소금 ¼스푼

육수

- 건다시마 15g
- 국물멸치 1줌
- 물 1.5L

1

오징어, 대파, 청양고추, 홍고추를 깨끗이 씻어서 썰어 주세요.

point— 오징어 칼집은 한쪽 방향으로만 내 주세요.

2

전자레인지에 30초 돌린 멸치를 다시백에 담아 주고, 물에 넣어 건다시마와 함께 끓여 육수를 만들어 주세요.

3

물이 끓어오르기 전에 무를 넣어 주고, 끓어오르기 시작하면 다시마만 건져 주세요.

4

새우젓 국물, 다진 마늘을 넣고 끓이면서 무가 반쯤 익었을 때 오징어와 미림, 고춧가루를 넣어 주세요. 팔팔 끓으면 다시백을 건져 주세요.

point— 고춧가루를 너무 많이 넣으면 국물이 새빨갛게 됩니다.

5

썰어 둔 청양고추, 홍고추, 대파를 같이 넣고 끓이면서 최종 간을 봅니다. 간이 심심하다면 소금으로 조절해 주세요.

청국장

<u>미리 준비하기</u> 무, 청양고추, 홍고추, 대파를 썰어 주세요.

재료

- 청국장 190g
- 돼지고기 민찌 60g
- 들기름 ½스푼
- 쌀뜨물 500mL
- 무 100g

- 고춧가루 1스푼
- 다진 마늘 ½스푼
- 쇠고기다시다 2꼬집
- 멸치액젓 ½스푼
- 두부 100g

- 청양고추 ½개
- 홍고추 조금
- 대파 ½대

1

달궈진 뚝배기에 들기름, 돼지고기 민찌를 넣고
중불로 볶아 주세요.

2

고기가 어느 정도 볶였을 때 쌀뜨물, 무, 고춧가
루, 다진 마늘을 넣어 무가 익을 때까지 중불로
끓여 주세요.

3

무가 익으면 청국장을 풀고 강불로 끓이다가 쇠
고기다시다, 멸치액젓을 넣어 주세요.

4

두부, 청양고추를 넣은 다음 간을 확인하고, 홍
고추와 대파로 마무리해 주세요.

06

쑥국

재료

- 쑥 1줌(120g)
- 콩가루 1스푼
- 국물멸치 1줌
- 물 1.5L
- 된장 가득 2스푼
- 청양고추 1개
- 다진 마늘 ½스푼

1

쑥을 깨끗하게 씻어 잘 게 자른 다음 콩가루를 넣고 치대 주세요.

point — 국물을 구수하게 하여 맛을 더욱 좋게 하는 과 정입니다.

2

냄비에 물, 멸치를 넣 고 10분 끓여서 육수 를 낸 다음 멸치는 건 져 주세요.

point — 멸치는 전자레인지 에 40초 돌려 주면 비린내가 없어집니다.

3

육수에 된장을 풀어 주 세요.

4

쑥 치댄 것, 청양고추, 다진 마늘을 넣어 주세 요. 뜨는 불순물을 걷 고 3분 더 끓여 주세요.

07 굴국밥

재료

- 생굴 300g
- 중멸 1줌
- 건새우 ½줌
- 물 1.4L
- 무 250g
- 콩나물 100g
- 불린 미역 조금
- 청양고추 1개
- 새우젓 1스푼
- 다진 마늘 ½스푼
- 집간장(국간장) 1스푼
- 소금 ¼스푼
- 대파 ½대
- 부추 50g
- 달걀 1개

미리 준비하기

무, 대파, 청양고추, 부추를 썰어 주세요.
미역을 물에 불려 주세요.

1

육수 만들기 멸치, 건새우를 전자레인지에 30초 돌린 후 다시백에 넣고 물 1.4L, 무와 함께 끓여 주세요. 끓는 동안 생기는 거품은 제거해 주세요.

2

10분 정도 끓인 다음 다시백은 건져 주고 콩나물, 불린 미역, 청양고추, 생굴, 새우젓, 다진 마늘을 넣고 계속 끓여 주세요.

point — 굴은 중간에 넣어야 수축이 안 되고 부드럽습니다.

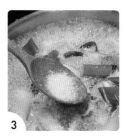

3

집간장(국간장), 소금으로 간을 맞추고 대파, 부추, 달걀을 넣어 주세요.

미리 준비하기 백태를 반나절 불린 다음 껍질을 제거해 주세요.

대파, 양파, 청양고추, 묵은지를 적당한 크기로 썰어 주세요.

재료

- 백태(메주콩) ⅔컵
- 물 2컵(믹서기에 갈 때) + 3컵(콩비지 끓일 때)
- 돼지고기 앞다릿살 200g
- 식용유 1스푼
- 미림 2스푼

- 양파 ½스푼
- 고춧가루 1스푼
- 묵은지 200g
- 다진 마늘 1스푼
- 청양고추 2개
- 국간장 1스푼

- 새우젓 1스푼
- 대파 ½대
- 홍고추 조금
- 들기름 1스푼

1

백태와 물 2컵을 믹서기에 넣고 갈아 주세요.

2

식용유를 두르고 돼지고기 앞다릿살을 강불로 볶아 주세요. 고기가 어느 정도 익으면 미림, 양파, 고춧가루를 넣고 같이 볶아 주세요.

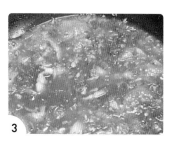

3

묵은지, 다진 마늘, 물 3컵을 넣고 끓여 주세요.

4

어느 정도 끓으면 갈아 놓은 콩비지를 넣고 중불로 낮춰서 은근히 끓여 주세요.

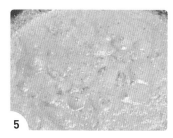

5

끓어오르면 청양고추, 국간장, 새우젓을 넣고 계속 끓여 주세요. 대파, 홍고추, 들기름을 넣고 마무리해 주세요.

미리 준비하기 곤이와 이리를 얼음물에 소금을 ½스푼 넣고 20분 담가 주면 부서지지 않고 더 탱글탱글해집니다. (곤이는 암컷의 알이고, 이리는 수컷의 정소입니다.)

재료

- 곤이(명태알) 12개
- 이리 100g
- 소금 1스푼
- 물 1.2L
- 옥수수차 40g
- 무 100g
- 꽃게 다리 2개

- 두부 100g
- 콩나물 70g
- 미나리 조금
- 쑥갓 조금
- 청양고추 2개
- 팽이버섯 ½개

양념

- 고춧가루 2스푼
- 국간장 2스푼
- 진간장 1스푼
- 다진 마늘 1스푼
- 생강술 1스푼
- 소금 ½스푼

1

물 1.2L에 옥수수차를 넣고 10분 끓여서 육수로
사용해 주세요.

point — 그냥 물로 해도 되지만, 옥수수차를 육수로 사용하면
깊고 구수한 맛이 일품입니다.

2

무에 국간장과 진간장을 넣고 15분 절이면 무가
물러지지 않고 식감이 좋아집니다.

3

끓인 옥수수차에 절인 무, 고춧가루, 꽃게 다리
를 넣고 끓여 주세요. 끓어오르면 다진 마늘, 생
강술, 곤이, 이리를 넣어 중불로 은근히 오래 끓
여 주세요.

point — 생강술 대신 생강즙으로 대체해도 됩니다.

4

두부, 콩나물, 미나리, 쑥갓, 팽이버섯을 넣어 주
세요. 소금으로 간을 조절해 주세요.

육개장

<u>미리 준비하기</u> 대파, 무, 청양고추를 썰어 주세요.

소고기 양지를 얇게 썰어 주세요.

재료
- 소고기 양지 450g
- 식용유 2스푼
- 참기름 2스푼
- 토란대 100g
- 된장 1스푼
- 무 250g
- 미림 3스푼
- 다진 마늘 2스푼

- 고춧가루 가득 3스푼
- 대파 4뿌리
- 삶은 고사리 100g
- 다시마 우린 물 800mL
- 사골국물 300mL
- 물 1컵
- 국간장 3스푼
- 까나리액젓 1스푼

- 느타리버섯 50g
- 청양고추 2개
- 대파 조금
- 소금 ½스푼
- 쇠고기다시다 ½스푼
- 후추 3꼬집

1

물에 된장을 풀고 토란대를 10분 삶아 주세요.
이후 체에 밭쳐서 물기를 빼 주세요.

point — 된장이 토란대의 독성(아린 맛)을 잡아 줍니다.

2

식용유와 참기름을 두르고 소고기 양지를 넣어
볶다가 무, 미림, 다진 마늘, 고춧가루, 대파를
넣고 같이 볶아 주세요. 어느 정도 볶이면 고사
리, 토란대, 다시마 우린 물, 사골국물, 물을 넣
고 중불로 20분 끓여 주세요.

point — 육개장 전문점에서 사용하는 두태기름을 만들어 넣
으면 더 고소하고 맛있습니다.

3

국간장, 까나리액젓을 넣고 간을 맞춰 주세요.
그리고 느타리버섯, 청양고추, 대파를 넣고 10
분 더 끓여 주세요.

4

소금, 쇠고기다시다, 후추를 취향에 맞게 넣어
최종 간을 맞춰 주세요.

미리 준비하기 토란대를 미리 물에 불려 주세요.

생들깨를 물 400mL에 1시간 불려 주세요.

찹쌀 2스푼을 잠길 정도의 물에 2시간 불려 주세요.

고구마줄기는 껍질을 깐 후 5분 데쳐 주세요.

대파, 깻잎, 미나리, 부추, 양파를 썰어 주세요.

재료

- 생오리 1마리(2kg)
- 생강 1톨
- 소주 ¼컵(1차) + ¼컵(2차)
- 토란대 250g
- 된장 1스푼(1차) + 가득 2스푼(2차)
- 고구마줄기 200g
- 건고추 7개

- 생들깨 1컵
- 찹쌀 2스푼
- 다진 마늘 2스푼
- 다진 생강 ½스푼
- 고춧가루 가득 2스푼
- 미나리 ½줌
- 부추 ½줌

- 양파 ½개
- 깻잎 8장
- 대파 20cm
- 소금 1스푼
- 물 총 3L 사용

1

끓는 물에 된장 1스푼을 풀어
서 물에 불린 토란대를 넣어 5
분 삶고, 불을 끄고 5분 더 뜸을
들여 주세요. 토란대를 체에 밭
쳐 찬물로 헹군 후 꾹 짜서 물
기를 빼고 길게 썰어 주세요.

point— 토란대에는 독성(아린 맛)이
있어 입속을 까실까실하게 만듭니다. 된
장으로 삶아 주면 독성이 제거됩니다.

2

끓는 물에 생오리, 다진 생강,
소주 ¼컵을 넣고 끓기 시작하
면 4분을 더 삶은 다음 채반에
밭쳐 찬물로 헹궈 주세요. 생
강은 건어 내 주세요.

3

건고추에 물 1컵을 넣어 20분
불린 후 믹서기에 갈아 주세
요.

4

생들깨, 찹쌀(불렸던 물도 함께)
을 믹서기에 넣어 간 다음 채반
에 밭쳐 주세요. 불린 건고추
와 물 1컵을 믹서기에 간 후 된
장을 수북하게 2스푼 풀어 주
세요. 다진 마늘, 다진 생강, 고
춧가루, 소주 ¼컵, 된장에 삶
은 토란대, 데친 고구마줄기를
섞어서 30분 정도 숙성시켜 주
세요.

5

초벌 삶은 오리에 물 1.5L를 넣
고 뚜껑 닫고 끓기 시작할 때
부터 5분 끓여 주고, 들깨와 찹
쌀 간 것, 고구마줄기, 토란대,
양념을 넣고 강불로 15분 끓여
주세요. 이후에는 중불로 조절
하여 25분 더 끓여 주세요. (중
간중간 뚜껑을 열어서 한 번씩 저
어 주세요.) 이후 소금으로 간
을 해 주고 미나리, 부추, 양파,
깻잎, 대파를 올려 주세요.

생대구지리탕

미리 준비하기 홍고추, 미나리, 두부를 먹기 좋게 썰어 주세요.
대파는 어슷 썰어 주세요.

재료

- 생대구 1마리(1.3kg)
- 생강술 1스푼
- 콩나물 1줌
- 미림 1스푼
- 새우젓 국물 1스푼
- 집간장(국간장) 2스푼
- 두부 200g
- 미나리 1줌

- 대파 1대
- 홍고추 1개
- 소금 ½스푼

육수

- 물 2L
- 무 300g
- 중멸 1줌
- 건새우 1줌
- 건다시마 15g
- 청양고추 2개
- 다진 마늘 ½스푼

1

물에 무, 멸치와 건새우를 넣은 다시백, 기장다시마, 청양고추를 넣고 육수를 내 주세요. 끓기 시작하고 5분이 지나면 다시마를 건져 내고, 10분 후 다시백과 청양고추를 건져 내 주세요.

2

생대구에 생강술을 뿌린 다음 뜨거운 물을 부어 생대구를 데치고 30초 후 생대구를 채반에 얹어 물기를 빼 주세요.

point— 생강술 대신 생강즙이나 다진 생강으로 대체해도 됩니다.

3

마늘 향만 나면서 깔끔한 국물 맛이 나도록 다진 마늘을 채반에 넣어 끓고 있는 육수에 담가 20초 저어 주세요.

point— 다진 마늘을 그대로 사용하면 국물이 맑지 않고 텁텁해집니다.

4

데친 생대구, 콩나물, 미림, 새우젓 국물, 집간장(국간장)을 넣어 주세요.

5

거품을 걷어 내고 두부, 미나리, 대파, 홍고추를 넣은 후 뚜껑을 닫고 3분 끓여 주세요.

6

간은 소금으로 조절해 주세요.

미리 준비하기 대파, 홍고추를 썰어 주세요.

청양고추는 칼집만 살짝 내 주세요.

달걀을 살짝 풀어 주세요.

재료

- 황태채 60g
- 참기름 1스푼
- 물 750mL + 750mL
- 청양고추 1개

- 다진 마늘 ½스푼
- 국간장 1스푼
- 콩나물 300g
- 달걀 1개

- 소금 ⅔스푼
- 후추 2꼬집
- 대파 ½대
- 홍고추 ½개

1

황태채를 물에 30초만 담가 쿰쿰한 냄새를 빼 주세요. 이후 손으로 꾹 짜서 물기를 빼 주세요.

2

불을 켜지 않은 상태로 황태채에 참기름을 넣고 잘 섞어 주세요. 이후 물을 조금만 넣어 중약불로 천천히 볶아 주세요.

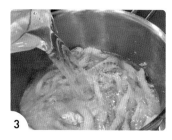

3

물 750mL를 넣고 강불로 6분 끓여 주세요. 거품은 걷어 내 주세요.

point — 이때 뚜껑을 닫지 않아야 쿰쿰한 냄새가 날아갑니다.

4

6분이 지난 뒤 물 750mL, 청양고추, 다진 마늘, 국간장을 넣고 계속 끓여 주세요.

5

팔팔 끓어오르면 콩나물을 넣어 주세요. 이후 뚜껑을 닫은 채로 3분 끓여 주세요.

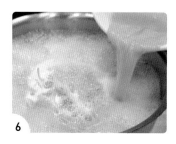

6

3분이 지나면 청양고추는 건져 주고 달걀물, 소금, 후추를 넣어 주세요. 대파와 홍고추를 올려 주세요.

93

오이냉국

<u>미리 준비하기</u> 양파, 청양고추, 홍고추를 채 썰어 주세요.

마늘을 다져 주세요.

재료
- 백오이 2개
- 레몬 ½개
- 생수 1L
- 설탕 2스푼
- 소금 1스푼

- 멸치액젓 2스푼
- 매실액 2스푼
- 국간장 4스푼
- 식초 ¼컵
- 양파 ½개

- 마늘 2개
- 청양고추 1개
- 홍고추 1개
- 통깨 1스푼
- 얼음 적당량

1

백오이를 먹기 좋게 채 썰어 주세요.

2

레몬을 꾹 짜서 레몬즙을 만들어 주세요.

3

생수 1L에 설탕, 소금, 멸치액젓, 매실액, 국간장, 식초를 넣고 저어 주세요.

4

레몬즙을 넣고 채 썰어 둔 백오이, 양파, 마늘, 청양고추, 홍고추, 통깨를 넣고 섞어 주세요.

5

그릇에 담고 얼음을 넣어 주세요.

김치

미리 준비하기 건표고버섯 6개를 미지근한 물 300mL에 20분간 불려 주세요.

[배추 손질하기] 배추는 뿌리부터 ⅔정도까지만 칼로 자른 뒤 손으로 펼치고, 뿌리 부분은 칼로 잘라 제거해 주세요.   [배추 절이기] 물 15L에 천일염을 밥공기로 3공기(860g) 넣고 녹여 주세요. 소금물에 배추를 푹 담가 적신 다음 들어 올려 소금물을 바로 빼 주세요. 김장 비닐에 배춧속이 위를 향하게 눕히고 천일염(1440g)을 뿌리 쪽에 집중적으로 뿌려 주세요. 남은 소금물은 김장비닐 안의 가장자리 쪽으로 붓고 맨 위에 천일염을 한 번 골고루 뿌려 주세요. 6시간 후에 위아래를 뒤집어 주세요. 총 12시간 절여 주세요.

재료

- 배추 10포기(35kg)
- 천일염 2.3kg(물 15L에 860g, 배춧속에 1440g 사용)
- 쪽파 600g
- 홍갓 1단
- 무(소) 2개
- 고춧가루 1.2kg
- 매실액 400g
- 천일염 가득 2스푼 (최종 간 맞추기)

육수
- 건표고버섯 6개
- 물 300mL + 1.7L
- 건다시마 3장(40g)

찹쌀풀
- 찹쌀가루 2컵
- 물 1L

믹서기에 갈 재료
- 배(중) 2개
- 양파 2개
- 마늘 400g
- 생강 250g

- 건청각 100g
- 생새우 400g
- 건고추 500g
- 새우젓 300g
- 멸치액젓 600g
- 멸치생젓 300g (끓일 때 물 2컵)
- 물 3컵
- 김장육수

1

절인 배추는 3번 씻은 다음 배추를 뒤집어 놓아 물기를 빼 주세요.

point— 절인 배추를 씻으면서 배추의 속잎으로 간을 보아야 합니다. 속잎이 짜면 물에 20분 담갔다가 씻어야 양념 맞추기가 수월합니다.

2

김장육수 만들기 미지근한 물 300mL, 불린 건표고버섯, 건다시마, 물 1.7L를 강불로 끓여 주세요. 건다시마는 끓기 시작한 뒤 5분, 표고버섯은 10분 후에 건져 주세요.

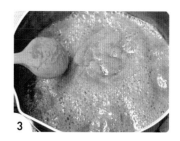

3

멸치생젓 끓이기 멸치생젓과 물 2컵을 부어 끓기 시작할 때부터 2분을 끓여 주세요.

찹쌀풀 끓이기 물 1L, 찹쌀가루 2컵을 넣어 가스불을 켜지 않은 상태에서 저어 주세요. 물과 찹쌀가루가 잘 섞인 후에 불을 켜야 찹쌀풀이 잘 쑤어집니다.

4

건고추를 씻고, 가위로 잘라서 김치통에 담아 주세요. 끓인 멸치생젓을 체에 걸러 붓고, 찌꺼기는 버려 주세요. 새우젓과 김장육수를 넣고 30~40분간 불리면 믹서기에 갈 수 있습니다.

쪽파와 홍갓을 4cm 간격으로 잘라 주고, 무를 채칼로 썰어 주세요.

양파, 배, 썬 생강, 물에 불린 건청각을 잘게 썰어 주세요.

5

믹서기에 갈기 배와 양파를 먼저 갈아 양념그릇에 담고, 마늘, 생강, 물 1컵을 넣어 갈아 양념 그릇에 담아 주세요.

생새우, 청각, 물 2컵을 넣어 갈아 양념그릇에 담아 주세요. 불려 놓은 건고추는 3번에 나누어 갈아 주세요.

믹서기에 간 양념들에 찹쌀풀과 매실액, 고춧가루를 넣어 저은 뒤 간을 봐 주세요. 간은 천일염으로 조절해 주세요.

point— 젓갈로 간을 맞추면 시원한 맛이 나지 않습니다. 채 썬 무와 홍갓, 쪽파를 넣고 배춧속을 버무린 다음 최종 간을 봐 주세요.

6

배추를 눕힌 상태에서 맨 아래 안쪽부터 양념을 넣으면서 발라 주세요. 양념을 다 바른 후 겉잎으로 배추를 감싸 주면 양념국물이 밑으로 흐르지 않습니다.

절임배추 김장김치(30kg)

__미리 준비하기__ 깨끗하게 씻은 절임배추를 구매했기 때문에 따로 씻지 않고 배춧속이 아래로 가게 세워서 물기를 빼 주세요.

__재료__

- 절임배추 8~9포기(30kg)
- 무 3개(3kg)
- 쪽파 1단(700g)
- 홍갓 1단(800g)
- 고춧가루 1.5kg
- 매실청 2½컵(500mL)
- 천일염 가득 3스푼(최종 간 맞추기)

__김장육수__
- 건표고버섯 7개(불리는 물 600mL)
- 건다시마 40g
- 물 1.5L

__찹쌀풀__
- 습식 찹쌀가루 3컵(300g)
- 김장육수

__믹서기에 갈 재료__
- 배(대) 1개(750g)

- 양파 2개
- 마늘 500g
- 생강 250g
- 건청각 100g
- 생새우 500g
- 건고추 500g
- 새우젓 300g
- 멸치액젓 3½컵(700mL)
- 멸치생젓 2컵(끓일 때 물 2컵)
- 물 3컵(600mL)

1

김장육수 만들기 2시간 불린 건표고버섯 7개(물 600mL), 건다시마 40g, 물 1.5L를 넣고 강불로 육수를 끓여 주세요. 끓기 시작하면 5분 후에 다시마를 건져 내고, 10분 후 표고버섯을 건져 내 주세요. 육수에 습식 찹쌀가루 3컵을 저으면서 5분 정도 끓인 다음 식혀서 사용해 주세요.

point— 방앗간 습식 찹쌀가루는 뜨거운 물에 풀어도 뭉치지 않는데, 마트표 찹쌀가루는 뜨거운 물에 풀면 바로 뭉칩니다.

2

물 2컵 400mL, 멸치생젓 2컵 400g을 끓인 후 식혀서 사용하면 김치의 깊은 맛을 낼 수 있어요. 건고추를 물로 씻은 후 자르고, 2시간 물에 불린 건청각을 깨끗하게 씻어서 잘게 썰어 주세요. 새우젓 생새우, 멸치생젓 끓인 것을 채반에 걸러 부어 주고, 멸치액젓 3½컵, 물 3컵을 넣고 다 같이 섞어 30분 불려 주세요.

3

무는 채 썰고 쪽파와 홍갓은 3~4cm 간격으로 썰어 주세요.

4

믹서기에 갈기 양파와 배 ½개를 먼저 갈아 주세요. 남은 배 ½개, 마늘, 생강을 넣고 갈아 주세요. 불려 놓은 건고추를 갈아 주세요.

5

양념에 매실청, 고춧가루, 김장육수에 넣은 찹쌀풀을 부은 다음 최종 간을 봐 주세요. 심심할 경우 천일염을 추가해 주세요. 양념에 채 썬 무, 홍갓, 쪽파를 넣고 버무려 주세요.

6

배추는 반으로 갈라서 겉잎부터 발라야 순서대로 양념을 치대기가 수월합니다. 양념을 훑어 낸 후 겉잎을 빼서 배추를 감싸 주세요.

미리 준비하기

[찹쌀풀] 물 1컵에 찹쌀가루 2스푼을 풀어 주고, 끓일 때 물 1컵을 더 넣고 찹쌀풀을 쑤어 주세요.

[다시마 우린 물] 물 4L, 건다시마 50g을 5분 동안 끓인 후 완전히 식혀 주세요.

재료

- 알배기배추 4포기(3kg)
- 물 5.5L
- 뉴슈가 ½스푼
- 천일염 2컵

찹쌀풀
- 찹쌀가루 2스푼
- 물 1컵(찹쌀가루 풀 때)
  + 1컵(끓일 때)

다시마 우린 물
- 물 4L
- 건다시마 50g

백김치 국물
- 다시마 우린 물
- 멸치액젓 ½컵
- 소주 ½병
- 천일염 3½스푼

- 뉴슈가 ½스푼
- 찹쌀풀

망에 넣을 재료
- 배 ½개
- 마늘 1줌(35g)
- 생강 2톨(15g)
- 고추씨 ¼컵(20g)

고명
- 사과 1개
- 배 ½개
- 무 ½개
- 쪽파 2줌
- 홍고추 2개

1

물 5.5L에 천일염 1½컵, 뉴슈가 ½스푼을 넣고 배추를 담근 후 뿌리가 아래쪽으로 향하게 해서 세워 두고 천일염 ½컵을 배추 위에 뿌려 총 5시간 절여 주세요. 2시간 반 후에 배추를 소금물에 완전히 잠기게 담가서 2시간 반 절여 주세요.

2

다시마 우린 물에 멸치액젓, 소주, 천일염, 뉴슈가, 찹쌀풀을 넣고 저어 주면 백김치 국물 완성입니다.

point— 설탕을 넣으면 백김치가 끈적거립니다. 뉴슈가를 추천합니다.

3

배 ½개를 강판에 갈아 주세요. 망에 편으로 썬 마늘, 생강을 넣고 고무망치로 두드려 주세요. 이후 고추씨, 간 배를 넣고 잘 묶어 주세요.

4

고명으로 쓸 사과, 배, 무, 홍고추를 썰어 주세요. (무는 5mm 간격으로 나박썰기해 주세요.)

5

5시간 절인 배추를 깨끗하게 2번 씻고 김치통에 담아 주세요.

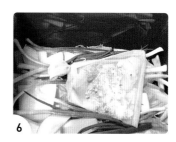

6

썰어 놓은 무, 사과, 배, 쪽파, 홍고추와 준비한 망을 올려 주세요. 차곡차곡 반복해서 담은 후 백김치 국물을 부어 주세요.

<u>미리 준비하기</u> 건고추를 자르고 물 300mL를 부어 30분 불려 주세요.

재료

- 열무 1단(2kg)
- 양파 ½개
- 쪽파 1줌
- 천일염 1½스푼
- 설탕 가득 1스푼
- 통깨 1스푼

믹서기에 갈 재료
- 건고추 15개(55g)
- 양파 ½개
- 사과 ½개
- 마늘 1줌(10개)
- 생강 1톨

- 청양고추 5개
- 홍고추 3개
- 식은 밥 2스푼
- 새우젓 2스푼
- 멸치액젓 ¼컵
- 생수 200mL

1 열무 뿌리는 끝부분을 살짝 썰어서 버리고, 표면을 긁어내고 반으로 잘라 주세요. 줄기는 3등분으로 잘라 주세요. 이후 물에 깨끗이 씻은 다음 물기를 빼 주세요.

2 **믹서기에 갈기** 불린 건고추, 양파, 사과, 마늘, 생강, 청양고추, 홍고추, 식은 밥, 새우젓, 멸치액젓, 생수를 넣어 25초 갈아 주세요.

3 믹서기에 간 재료들과 천일염, 설탕을 넣어 섞고 간을 봐 주세요. 간은 짭조름해야 합니다.

4 양념에 자른 열무와 양파, 쪽파, 통깨를 넣고 버무린 후 20분간 숨이 죽도록 기다려 주세요.

5 완성된 열무김치를 통에 담아 주세요.

6 보리밥과 열무김치, 참기름을 넣어 비벼 먹으면 별미입니다.

열무겉절이

<u>미리 준비하기</u> 건고추를 물 400mL에 40분간 불리고 잘라 주세요.

재료

- 열무 1박스
- 양파 ½개
- 쪽파 2줌
- 멸치액젓 ½컵
- 천일염 3스푼
- 설탕 3스푼
- 통깨 2스푼

믹서기에 갈 재료

- 건고추 20개(120g)
- 사과 1개
- 양파 ½개
- 식은 밥 ½그릇
- 청양고추 10개
- 홍청양고추 5개

- 마늘 2줌
- 생강 2톨
- 새우젓 ½컵
- 생수 600mL

1

열무 뿌리는 끝부분을 살짝 썰어서 버리고, 표면을 긁어내고 4등분으로 잘라 주세요. 이후 물에 깨끗이 씻은 다음 물기를 빼 주세요.

2

양념 만들기 불린 건고추, 사과, 양파, 식은 밥, 청양고추, 홍청양고추, 마늘, 생강, 새우젓, 생수를 넣어 믹서기로 50초 갈아 주세요.

3

믹서기에 간 재료들과 멸치액젓, 천일염, 설탕, 통깨를 넣고 섞어 주세요. 간은 짭조름해야 합니다.

point— 겉절이식으로 무치므로 간이 딱 맞으면 무친 후에 간이 심심해집니다.

4

양념에 양파와 쪽파를 넣고 먼저 무쳐 주세요. 쪽파는 썰지 않고 길게 사용해 주세요. 열무를 넣고 버무린 후 20분간 숨이 죽도록 기다려 주세요. 이후 위아래로 버무려 주세요.

열무물김치

미리 준비하기 밀가루와 물을 섞어 저으면서 끓여서 밀가루풀을 쑤어 주세요.

재료

- 열무 2단(3kg)
- 천일염 1½컵
- 물 5L
- 양파 ½개(채 썰어서 사용)
- 쪽파 1줌
- 홍고추 1개

믹서기에 갈 재료

- 건고추 5개
- 사과 1개
- 배 ½개
- 양파 ½개
- 식은 밥 3스푼
- 청양고추 7개
- 홍고추 9개

- 마늘 1줌
- 생강 2톨
- 새우젓 2스푼
- 밀가루 3스푼
- 까나리액젓 ½컵
- 천일염 4스푼(최종 간 맞추기)
- 생수 4L
- 설탕 2스푼

1

열무 뿌리 윗부분은 잘라서 따로 담아 놓고, 줄기는 끝부분을 제거하고 2등분해 주세요. 무 부분은 표면을 칼로 긁어서 흙을 제거하고 4등분해 주세요.

point— 열무 줄기의 끝부분은 풋내가 나니 제거해 주세요.

2

물 5L에 천일염을 녹여 열무를 넣고 천일염을 열무에 한 번 더 뿌려 주고(천일염 총 1½컵 사용) 비닐을 덮어 총 1시간 절여 주세요. 30분 후에 한 번 뒤집어 주세요.

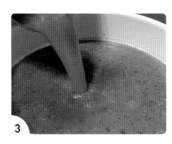

3

믹서기에 갈기 불린 건고추, 사과, 배, 양파, 식은 밥, 청양고추, 홍고추, 마늘, 생강, 새우젓, 물을 갈아 주세요. 밀가루풀, 물을 조금 넣고 잠깐만 갈아 주세요.

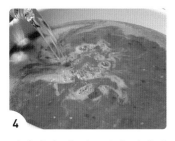

4

믹서기에 간 재료들과 까나리액젓, 천일염과 생수를 섞어 주세요. 마지막으로 설탕을 넣고 최종 간을 봐 주세요. 간이 심심하면 소금으로 맛을 냅니다.

point— 까나리액젓은 감칠맛을 더해 주며 전혀 비린내가 나지 않습니다.

5

잘 절인 열무를 깨끗하게 3번 씻어 주세요.

6

김치통에 열무를 깔고 양파, 쪽파를 올리고 국물을 부어 주세요. 마지막으로 홍고추 고명을 올려 주세요.

07

얼갈이김치

미리 준비하기 배, 무, 양파, 홍고추, 생강을 믹서기에 갈기 좋게 썰어 주세요.

쪽파를 4~5cm 길이로 썰어 주세요.

재료

- 얼갈이배추 1단(1.8kg)
- 물 300mL
- 천일염 1컵
- 설탕 3스푼
- 쪽파 1줌
- 찹쌀풀 ½컵
- 고춧가루 ½컵
- 설탕 ½스푼
- 매실액 1스푼
- 천일염 ½스푼

다시마 우린 물

- 건다시마 10g
- 물 400mL

믹서기에 갈 재료

- 건고추 15개
- 다시마물 300mL
- 배 ¼쪽
- 무 100g
- 양파 ½개

- 청양고추 3개
- 홍고추 2개
- 마늘 1줌
- 생강 1톨
- 멸치액젓 ⅓컵
- 새우젓 가득 1스푼
- 통깨 1스푼

1

다시마 우린 물 물 400mL와 건다
시마를 끓기 시작할 때부터 7
분 끓여 주세요. 이후 건고추
를 자르고 다시마 우린 물을 부
어 불러 놓습니다.

2

얼갈이배추를 반으로 잘라 뿌
리와 끝부분을 제거해 주세요.

3

물 300mL에 소금, 설탕을 넣어
잘 섞어 주고 얼갈이배추를 적
셔 주세요. 소금과 설탕을 섞
어서 얼갈이배추 표면에 직접
뿌려서 1시간 절여 주고, 30분
후에 한 번 뒤집어 주세요. 이
후 절인 배추를 물에 씻고 물기
를 빼 주세요.

4

믹서기에 갈기 불린 건고추, 배,
무, 양파, 청양고추, 홍고추, 마
늘, 생강, 멸치액젓, 새우젓, 다
시마 우린 물을 넣어 25초 갈
아 주세요.

5

믹서기에 간 재료들과 찹쌀풀,
고춧가루, 설탕, 매실액, 천일
염을 섞어 잘 저어 주세요. 최
종 간은 짭조름해야 합니다.

6

양념에 쪽파를 넣고 섞어서 배
추에 양념을 발라 주세요.

08

봄동김치

미리 준비하기 배, 양파, 홍고추, 생강을 믹서기에 갈기 좋게 썰어 주세요.

재료

- 봄동 4포기 1.2kg
- 천일염 ⅔컵
- 물 1컵
- 양파 ½개
- 당근 60g
- 쪽파 1줌
- 고춧가루 ⅔컵
- 설탕 2스푼
- 매실청 1스푼
- 통깨 1스푼

믹서기에 갈 재료

- 배 ¼개
- 양파 ½개
- 식은 밥 2스푼
- 홍고추 3개
- 마늘 1줌
- 생강 1톨
- 새우젓 가득 1스푼
- 멸치액젓 ⅓컵
- 물 1컵

1

봄동의 딱딱한 뿌리를 잘라내고 깨끗이 씻어 주세요. 이후 천일염을 뿌려 섞어 주고, 물 1컵을 살살 뿌려서 40분 동안 절여 주세요. 중간에 한 번 뒤집어 주세요.

2

믹서기에 갈기 배, 양파 ½개, 홍고추, 마늘, 생강, 새우젓, 식은밥, 멸치액젓, 물 1컵을 믹서기에 넣고 충분히 갈아 주세요.

3

양파 ½개, 당근은 채 썰고, 쪽파는 4~5cm로 썰어 주세요.

4

알맞게 절인 봄동을 2번 씻은 다음 물기를 빼 주세요.

5

믹서기에 간 재료들과 고춧가루, 설탕, 매실청, 통깨를 섞어서 양념을 만들어 주세요. 이후 채 썰어 둔 당근, 쪽파, 양파를 넣고 섞어 주세요.

6

물기 뺀 봄동을 넣어 잘 버무려 주세요.

113

<u>미리 준비하기</u> 쪽파를 3~4cm 길이로 썰어 주세요.

재료	

- 다발무 2개(3.9kg)
- 물 ½컵
- 뉴슈가 ½스푼
- 천일염 ½컵(절일 때) + ⅓스푼
  (최종 간 맞추기)
- 쪽파 1줌
- 고춧가루 1컵
- 매실액 2스푼
- 설탕 1스푼
- 찹쌀풀 ⅔컵
- 소주 ¼컵

믹서기에 갈 재료

- 건고추 12개
- 사골국물 1컵
- 새우젓 ½컵
- 멸치액젓 3스푼
- 양파 1개
- 대파 흰 부분 25cm
- 마늘 10쪽
- 생강 1톨

1

무를 6~7mm 두께로 썰어 주
세요. 물 ½컵에 뉴슈가를 녹여
서 무에 넣어 주고, 천일염을
뿌려 40분간 절여 주세요. 중
간에 한 번 뒤집어 주세요.

point — 가을무는 약간 맵고 덜 답니
다. 뉴슈가를 이용하여 무의 매운맛을
없애 줍니다.

2

믹서기에 갈기 건고추, 사골국물,
새우젓, 멸치액젓을 섞어서 30
분간 불린 후 양파, 대파, 마늘,
생강을 넣고 믹서기에 함께 갈
아 주세요.

point — 석박지와 깍두기에는 새우젓
이 훨씬 많게, 멸치액젓이 적게 들어가
야 시원한 맛이 납니다.

3

잘 절인 무는 씻지 않고 20분
정도 물기만 빼 주세요.

point — 무를 절대 씻지 마세요.

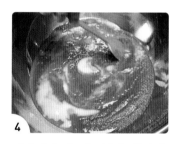

4

믹서기에 간 재료들과 매실액,
설탕, 찹쌀풀, 소주를 섞어 간
을 봐 주세요. 심심하면 소금
으로 간을 더해 주세요.

5

물기 뺀 무에 고춧가루만 먼저
섞어 색이 배게 해 주세요. 이
후 양념과 쪽파를 넣고 버무려
주세요.

point — 고춧가루의 코팅은 양념을 걸
돌지 않게 합니다.

보관 방법

실내에서 하루 숙성한 다음 김치냉장고에서 4~5일 보관한 후 먹으면 됩
니다.

돌산갓물김치

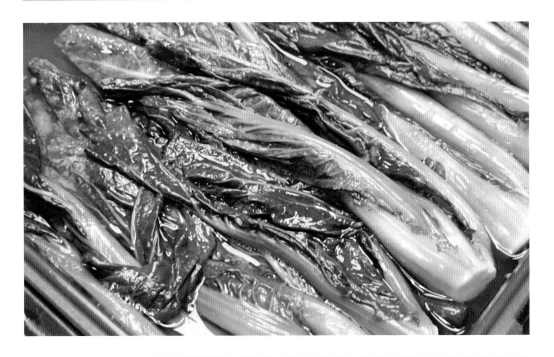

미리 준비하기 무 200g과 물 300mL를 믹서기에 갈아 주세요.

물 1.5L에 건다시마 35g을 넣고 7분 끓여서 다시마 우린 물을 준비해 주세요.

재료

- 돌산갓 2단(3.6kg)
- 천일염 2컵
- 쪽파 크게 1줌

다시마 우린 물

- 건다시마 35g
- 물 1.5L

믹서기에 갈 재료

- 배 1개
- 사과 1개
- 양파 1개
- 마늘 1줌
- 생강 1톨
- 청양고추 5개
- 생수 400mL

국물에 넣을 재료

- 다시마 우린 물

- 고추씨 3스푼
- 찹쌀풀 ⅔컵
- 생수 3L
- 소주 1컵
- 사이다 300mL
- 천일염 5스푼
- 멸치액젓 ⅔컵(120g)
- 뉴슈가 ¼스푼
- 간 무 200g
- 생수 총 4.9L 사용

1

갓은 전잎을 떼고 뿌리 부분을 살짝 잘라서 정리하고, 물에 담가서 흙을 씻어내 주세요.

2

물 2L에 천일염 1컵을 녹인 물에 갓을 담고, 천일염 1컵을 갓에 골고루 뿌린 후에 5시간 동안 절여 주세요.

point— 골고루 잘 절여지게 중간중간에 3번 정도 갓을 뒤집어 줍니다.

3

믹서기에 갈기 배, 사과, 양파, 마늘, 생강, 청양고추를 적당한 크기로 썰어서 생수와 함께 갈아 주세요.

4

절여 놓은 갓을 물에 깨끗하게 씻어 주고 물기를 빼서 쪽파와 같이 김치통에 담아 주세요.

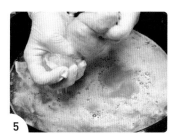

5

다시마 우린 물을 체에 걸러 담고, 망에 고추씨를 담아 주세요. 다른 망에는 믹서기에 간 재료들을 담고 꾹 짜서 국물을 우려내 주세요. (고추씨 담은 망은 국물에 담그고, 꾹 짠 망은 넣지 마세요.)

6

만든 국물에 찹쌀풀, 생수, 소주, 사이다, 천일염, 멸치액젓, 뉴슈가, 믹서기에 간 무를 모두 넣고 김치통에 부어 주세요.

11 부추김치

미리 준비하기 찹쌀풀을 1컵 정도 나오게 쑤어 주세요.
양파 ½개를 채 썰어 주세요.

재료

- 부추 2단(1.2kg)
- 양파 ½개
- 멸치생젓 가득 1스푼
- 물 ½컵
- 멸치액젓 ½컵
- 새우젓 1스푼
- 소주 ½컵

- 고춧가루 1컵
- 찹쌀풀 1컵
- 설탕 2스푼
- 매실액 3스푼
- 멸치액젓 ¼컵
- 통깨 2스푼

믹서기에 갈 재료

- 건고추 20개
- 사과 1개
- 양파 ½개
- 청양고추 5개
- 마늘 1줌
- 생강 1톨

1 부추를 깨끗하게 씻어서 3등분 하고 물기를 빼 주세요.

2 멸치생젓, 물 ½컵을 넣고 끓어 오르는 때부터 30초 후에 불을 끄고 식혀 주세요.

3 건고추를 가위로 잘라 주고, 멸 치액젓 ½컵, 새우젓, 소주, 끓 인 멸치생젓을 넣고(생젓 건더 기는 체에 걸러 주세요.) 잘 섞은 다음 30분 불려 주세요.

4 **믹서기에 갈기** 불린 건고추, 사 과, 양파 ½개, 청양고추, 마늘, 생강을 30초 갈아 주세요.

5 믹서기에 간 재료들과 고춧가 루, 찹쌀풀, 설탕, 매실액, 멸치 액젓 ¼컵, 통깨를 섞어서 양념 을 만들어 주세요. 최종 간은 멸치액젓으로 조절해 주세요.

6 물기 뺀 부추와 채 썬 양파 ½ 개를 양념에 넣고 섞어 주세 요. 30분 기다려서 숨이 죽으 면 김치통에 넣고 냉장실에 보 관해 주세요.

point — 소금은 사용하지 않습니다. 부 추김치는 소금으로 간을 하면 부추가 시꺼멓게 됩니다.

보관 방법
냉장실에 넣고 바로 먹어도 되지만 5일 정도 숙성하면 더 맛있습니다.

고구마순김치

미리 준비하기 고구마순이 잠길 정도의 물에 천일염을 가득 1스푼 넣고 10분 절여 주세요.

재료

- 고구마순 1kg(손질 후 800g)
- 천일염 가득 1스푼
- 부추 1줌
- 양파 ¾개
- 고춧가루 ½컵(5스푼)
- 통깨 1스푼
- 천일염 ½스푼(최종 간 맞추기)

믹서기에 갈 재료

- 건고추 10개(40g)
- 새우젓 가득 1스푼
- 멸치액젓 5스푼
- 물 ½컵(100mL)
- 식은 밥 2스푼
- 사과 ½개

- 양파 ¼개
- 홍고추 5개
- 마늘 1줌
- 생강 1톨
- 매실청 2스푼

1

절인 고구마순의 껍질을 벗기고 끓는 물에 2분 데친 후 바로 찬물에 식히고 물기를 빼 주세요.

point— 고구마순을 데칠 때는 소금을 넣지 않습니다. 너무 오래 데치면 질겨집니다.

2

가위로 자른 건고추, 새우젓, 멸치액젓, 물 ½컵, 식은 밥을 넣고 잘 섞은 다음 30분 불려 주세요.

3

고구마순, 부추, 양파 ¾개를 적당한 크기로 썰어 주세요.

4

믹서기에 갈기 사과, 양파 ¼개, 홍고추, 마늘, 생강, 매실청, 불린 건고추를 갈아 주세요.

5

믹서기에 간 재료들과 고춧가루를 잘 섞은 다음 소금을 추가하며 간을 맞춰 주세요.

point— 고구마순에서 물이 나오기 때문에 양념은 약간 되직하고 짭조름해야 합니다.

6

양념에 썰어 둔 고구마순, 부추, 양파와 통깨를 넣고 버무려 주세요.

보관 방법

냉장실에 넣고 바로 먹어도 됩니다.

121

13 | 머위김치

<u>미리 준비하기</u> 건다시마 15g을 뜨거운 물 250mL에 불려서 다시마 우린 물을 만들어 주세요.
양파, 당근, 대파, 청양고추, 홍고추, 깐 밤을 얇게 채 썰어 주세요.

재료

- 머위 700g
- 천일염 2스푼
- 양파 ½개
- 당근 ¼개
- 대파 1대
- 청양고추 5개
- 홍고추 2개
- 깐 밤 10개
- 진간장 ⅔컵

- 멸치액젓 3스푼
- 고춧가루 ⅔컵
- 다진 마늘 2스푼
- 다진 생강 1스푼
- 소주 ¼컵
- 물엿 3스푼
- 매실액 ⅓컵
- 통깨 1스푼

다시마 우린 물

- 건다시마 15g
- 물 250mL

· 머위는 이파리가 큰 것은 쌈이
나 김치용으로 사용하고, 작거
나 새순은 나물로 사용합니다.

1

머위는 뿌리 쪽이 억세므로 제거해 주세요. 끓는 물에 천일염을 넣어 충분히 녹인 다음 머위를 움켜쥐고 뿌리만 담가 20초 데쳐 주세요. 이후 잎 부분을 잠기게 하고 40초 더 데쳐 주세요.

point— 데치는 시간은 총 1분이 넘지 않아야 합니다.

2

찬물에 2회 정도 헹군 다음 머위 껍질을 벗겨 주세요.

3

양파, 당근, 대파, 청양고추, 홍고추, 깐 밤, 진간장, 멸치액젓, 고춧가루, 다진 마늘, 다진 생강, 다시마 우린 물, 소주, 물엿, 매실액, 통깨를 넣고 섞어 간을 봐 주세요.

point— 깐 밤은 씹히는 식감을 좋게 하고 달짝지근한 맛을 내 줍니다.

4

머위를 넣고 양념을 골고루 발라 주세요.

123

미리 준비하기 찹쌀풀을 ⅔컵 정도 나오게 쑤어 주세요.

건고추에 물 ½컵, 멸치액젓을 담아 불려 주세요.

쪽파를 2cm 길이로 썰어 주세요.

양파는 채 썰어서 고명으로 사용해 주세요.

재료

- 청경채 2kg
- 물 2L
- 천일염 1컵
- 뉴슈가 ½스푼
- 양파 ½개
- 쪽파 1줌
- 통깨 1½스푼

믹서기에 갈 재료
- 건고추 10개
- 배 ¼쪽
- 무 150g
- 물 ½컵
- 청양고추 5개
- 홍고추 15개
- 마늘 1줌
- 생강 1톨

- 멸치액젓 ⅓컵
- 새우젓 가득 1스푼

나중에 넣을 재료
- 찹쌀풀 ⅔컵
- 소주 ½컵
- 설탕 1스푼
- 매실액 1스푼
- 천일염 ½~1스푼(최종 간 맞추기)

1

물 2L에 천일염, 뉴슈가를 같이 녹여 주세요. 청경채를 반으로 잘라 소금물에 넣어 비닐로 덮고 1시간을 절여 주세요. 30분 후에 한 번 뒤집어 주세요.

2

믹서기에 갈기 불린 건고추, 배, 무, 청양고추, 홍고추, 마늘, 생강, 멸치액젓, 새우젓을 30초 갈아 주세요.

3

절인 청경채를 물에 헹구고 물기를 충분히 빼 주세요.

4

믹서기에 간 재료들과 찹쌀풀, 소주, 설탕, 매실액, 천일염을 섞고 간을 봐 주세요. 이후 양파와 쪽파, 통깨를 넣어 섞어 주세요.

point— 청경채에서 물이 많이 나오기 때문에 간은 짭조름해야 합니다. 심심하면 소금으로 간을 맞춰 주세요.

5

청경채에 양념을 하나하나 묻혀 주고 김치통에 차곡차곡 담아 주세요.

point— 고춧가루를 넣으면 텁텁해질 수 있습니다. 홍고추와 건고추를 사용합니다.

| # 고들빼기김치

<u>미리 준비하기</u> 밀가루 2스푼을 물 600mL에 풀어 주세요.
고들빼기와 쪽파를 손질해서 씻어 주세요.

재료

- 고들빼기 2kg
- 천일염 1컵
- 물 5L + 600mL
- 밀가루 2스푼
- 쪽파 3줌

양념

- 배 ¼개
- 양파 ½개
- 건고추 50g
- 식은 밥 ⅓그릇
- 마늘 1줌 반
- 생강 2톨
- 고추청 1국자

- 새우젓 ½컵
- 멸치액젓 ¼컵
- 황석어 젓갈(5마리 + 국물 3스푼)
- 물 ⅔컵
- 매실액 3스푼
- 고춧가루 1컵
- 물엿 2스푼
- 통깨 2스푼

1

물 5L에 천일염 1컵, 밀가루 푼 물을 섞어 주고 고들빼기를 넣어 주세요. 물이 담긴 비닐봉지를 이용해서 고들빼기가 완전히 잠기게 눌러 주고 24시간 절여 주세요.

point— 고들빼기는 밀가루 푼 물에 절여야 쓴맛이 제거됩니다.

2

절인 고들빼기를 살짝 비비면서 3번 씻어 주세요. 마지막으로 헹굴 때 고들빼기를 꾹 짜서 물기를 빼 주세요.

3

배, 양파, 건고추, 식은 밥, 마늘, 생강, 고추청, 새우젓, 멸치액젓, 황석어 젓갈, 물 ⅔컵을 믹서기에 넣고 갈아서 통에 부은 뒤 매실액, 고춧가루, 물엿, 통깨를 넣고 섞어 주세요.

point— 고추청이 없으면 고춧가루 2스푼 + 설탕 ½스푼으로 대체해 주세요.

4

고들빼기와 쪽파에 양념을 버무려 주세요.

127

| # 상추 물김치

<u>미리 준비하기</u> 밀가루풀을 ⅔컵 만들어 주세요.

재료

- 상추 600g
- 천일염 ⅔컵
- 식초 2스푼
- 물(상추가 잠길 정도)
- 무 150g
- 양파 ½개

믹서기에 갈 재료

- 사과 ½개
- 양파 ½개
- 청양고추 3개
- 홍고추 5개
- 마늘 5개
- 생강 ½톨
- 새우젓 1스푼
- 밀가루풀 ⅔컵
- 물 1컵

나머지 재료

- 멸치액젓 4스푼
- 천일염 3스푼
- 설탕 2스푼
- 생수 2.2L

1

상추가 잠길 정도의 물에 천일염, 식초를 넣고 녹인 후 상추 끝부분을 잘라내고 물에 충분히 잠기게 하여 20분을 절여주세요.

2

믹서기에 갈기 사과, 양파 ½개, 홍고추, 청양고추, 마늘, 생강, 새우젓, 밀가루풀, 물 1컵을 갈아 주세요.

point— 너무 오래 갈지 않습니다. 입자가 있어야 맛이 좋습니다.

3

절인 상추를 물기만 털어 김치통에 담고, 무와 양파를 올려주세요. 순서를 반복하여 김치통에 담아 주세요.

4

물김치 국물 만들기 믹서기에 간 재료들과 멸치액젓, 천일염, 설탕, 생수를 잘 섞은 후 간을 봐주세요.

5

김치통에 담긴 상추에 국물을 부어 주세요.

재료

- 백오이 50개(8kg)
- 청양고추 10개
- 대추 15개
- 천일염 6컵(900g)
- 물엿 4컵
- 소주 1병
- 식초 4컵
- 황설탕 2컵

1

백오이를 깨끗하게 씻은 다음 키친타월로 물기를 완벽히 제거해 주세요.

point― 백오이는 길고 가는 게 좋습니다. 통통한 것은 수분이 많아 식감이 떨어집니다.

2

오이, 청양고추, 대추를 김치통에 차곡차곡 담아 주세요.

3

천일염, 물엿, 소주, 식초, 황설탕을 넣어 주세요.

point― 소금을 적게 넣으면 한 달 정도 후에 오이지가 많이 물러질 수 있으니 넉넉히 넣어 주세요. 나중에 찬물에 담가 놓아 짠기를 뺄 수 있습니다.

4

뚜껑을 닫고 3일 동안 실온에 보관하고, 하루 반 정도 지나면 오이를 위아래로 뒤집어 주세요. 오이의 색이 전체적으로 노랗게 변하며 맛있어집니다.

PART 4

명절 요리

01 소갈비찜

미리 준비하기 배, 양파, 당근, 생표고버섯, 홍고추, 꽈리고추를 썰어 주세요.
소갈비는 냉동 상태로 구입해서 냉장실에서 하루 동안 해동해 주세요.

재료

- 소갈비 2kg
- 물 1.8L(초벌 삶을 때) + 160mL
  (믹서기에 갈 때) + 1L(끓일 때)
- 설탕 ½컵
- 건고추 2개
- 감초 1개
- 대파 1대
- 꽈리고추 7개
- 홍고추 1개
- 당근 1개

- 밤 5개
- 생표고버섯 3개
- 대추 5개
- 참기름 1스푼
- 후추 2꼬집
- 통깨 1스푼

양념
- 진간장 1컵
- 미림 ½컵

- 다진 마늘 1스푼
- 다진 생강 ½스푼
- 흑설탕 ½컵(80g)

믹서기에 갈 재료
- 배(대) ¼개
- 양파 ½개
- 물 160mL

1

소갈비를 물에 2번 헹궈서 뼛가루를 씻어 주세요. 물 1.8L을 끓이다가 끓으면 설탕, 소갈비를 넣고 5분 동안 초벌 삶아 주세요. 초벌 삶은 소갈비를 흐르는 물에 씻어 주세요.

point — 설탕으로 초벌삶기를 하면 고기가 연해지고 핏물이 잘 빠집니다.

2

배, 양파, 물 160mL를 믹서기에 간 다음 자루에 넣어서 즙을 짜 주세요. 이후 진간장, 미림, 다진 마늘, 다진 생강, 흑설탕을 넣고 저어 주세요.

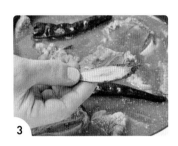

3

양념에 소갈비, 물 1L, 건고추, 감초를 넣어 끓기 시작하면 뚜껑을 닫지 말고 중불로 40분을 끓여 주세요.

4

40분 후 약불로 줄여 주세요. 당근, 밤, 생표고버섯, 대추를 넣고 뚜껑을 닫고 약불로 30분 더 끓여 주세요.

5

30분 후 건고추, 감초는 건져 주세요. 대파, 꽈리고추, 홍고추를 넣고 뚜껑을 닫고 약불로 10분 더 끓여 주세요.

6

참기름, 후추, 통깨로 마무리해 주세요.

돼지갈비찜

<u>미리 준비하기</u> 돼지갈비를 그릇에 담긴 물에 두 번 헹구고 씻어 주세요.
대파, 꽈리고추, 홍고추, 표고버섯, 당근, 무를 썰어 주세요.

재료

- 돼지갈비 2kg
- 물 1.5L
- 콜라 ½병(250mL)
- 무 250g
- 당근 1개
- 생표고버섯 3개
- 대파 1대
- 꽈리고추 7개
- 홍고추 1개

- 물엿 가득 1스푼
- 후추 2꼬집
- 참기름 1스푼
- 통깨 1스푼

양념

- 진간장 1컵
- 콜라 ½병(250mL)
- 소주 ½컵
- 흑설탕 ½컵
- 겨잣가루 ⅓스푼
- 다진 마늘 1스푼
- 다진 생강 ½스푼
- 물 1L

1

물 1.5L를 끓이다가 끓으면 씻은 돼지갈비와 콜라 ½병을 넣고 5분 동안 초벌 삶아 주세요.

2

초벌 삶은 돼지갈비를 찬물로 씻은 다음 칼집을 내 주세요.

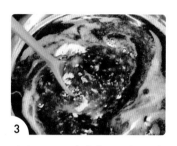

3

양념 만들기 진간장, 콜라 ½병, 소주, 흑설탕, 뜨거운 물에 푼 겨자, 다진 마늘, 다진 생강을 넣고 섞어 주세요.

4

팬에 담긴 돼지갈비에 양념, 물 1L를 넣어 주세요. 끓어오르는 때부터 중불로 30분 끓여 주세요.

5

돼지갈비를 한 번 뒤집어 준 다음 무, 당근, 생표고버섯을 넣고 약불로 30분 더 끓여 주세요.

6

대파, 꽈리고추, 홍고추, 물엿, 후추를 넣고 뒤집어 준 다음 10분 더 끓여 주세요. 참기름, 통깨를 넣고 마무리해 주세요.

미리 준비하기 배, 사과, 양파, 대파를 썰어 주세요.

겨잣가루를 뜨거운 물에 풀어 주세요.

재료			
	• LA갈비 1.8kg	• 커피 1스푼	**믹서기에 갈 재료**
	• 물 750mL	• 미원 ¼스푼	• 사과 1개
	• 사이다 1병(355mL)	• 후추 ¼스푼	• 배 1개
	• 진간장 1컵	• 겨잣가루 1유아용스푼	• 양파 1개
	• 미림 ¼컵	• 캐러멜 1아이스크림스푼	• 캔 파인애플 링 1개
	• 흑설탕 3스푼	• 콜라 1병(355mL)	• 생수 ⅔컵
	• 다진 마늘 1½스푼	• 참기름 2스푼	
	• 다진 생강 ½스푼	• 대파 1뿌리	

1 LA갈비의 겉면 뼛가루를 씻은 후 물 750mL, 사이다를 넣고 30분 동안 담가 놓아 핏물을 빼 주세요.

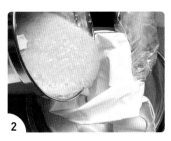

2 **믹서기에 갈기** 썰어 놓은 사과, 배, 양파, 파인애플, 생수 ⅔컵을 갈아 주세요. 이후에 면보에 넣고 꾹 짜 주세요.

3 진간장, 미림, 흑설탕, 다진 마늘, 다진 생강, 커피, 미원, 후추, 풀어 놓은 겨자, 캐러멜, 콜라를 넣고 양념을 배합하다가 참기름을 넣고 한 번 더 섞어 주세요.

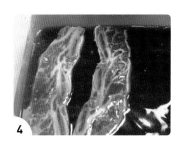

4 양념을 통에 적당량 붓고 핏물 뺀 LA갈비를 넣어 주세요. 중간에 파를 조금씩 뿌려 가며 갈비와 양념을 번갈아 넣어 주세요.

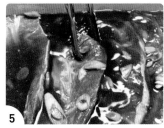

5 냉장실에 10시간 이상 보관해 주세요.

04 | 잡채

미리 준비하기 양파, 당근, 생표고버섯, 부추를 썰어 주세요.

당면을 1시간 동안 불린 다음 물기를 빼 주세요.

재료

- 당면 250g
- 식용유 4스푼
- 물 1½컵
- 양파 ½개
- 당근 ½개

- 생표고버섯 3개
- 부추 ½줌(겨울에는 시금치 사용)
- 진간장 ⅓컵
- 굴소스 2스푼
- 미림 ¼컵

- 흑설탕 가득 2스푼
- 다진 마늘 가득 1스푼
- 후추 ¼스푼
- 참기름 1스푼
- 통깨 2스푼

1

팬을 가열하기 전에 식용유 4
스푼을 넣고 당면을 코팅해 주
세요.

point — 당면을 볶기 전에 식용유로 코
팅해 주면 당면이 붇지 않습니다.

2

중약불로 2분 볶아 준 다음 진
간장, 굴소스, 미림을 넣고 약
불로 골고루 코팅해 주세요.

3

양파, 당근, 생표고버섯, 흑설
탕, 다진 마늘, 물 1½컵을 넣고
볶아 주세요.

4

재료들이 적당히 익으면 불을
끄고 부추를 넣어 주세요.

5

후추, 참기름, 통깨를 넣고 한
번 섞어 준 다음, 큰 용기에 잡
채를 넓게 퍼서 식혀 주세요.

6

마무리로 통깨를 툭툭 뿌려 주
세요.

오곡밥

미리 준비하기 찹쌀, 멥쌀, 찰수수, 기장, 서리태, 호랑이콩을 3시간 불려 주세요.

재료
- 찹쌀 4컵
- 멥쌀 1컵
- 팥 ⅔컵
- 찰수수 ⅔컵
- 기장 ½컵

- 서리태 ½컵
- 호랑이콩 ½컵
- 밤 7개
- 대추 5개
- 은행 ½컵

- 설탕 깎아서 1스푼
- 올리브오일 1스푼
- 팥 삶은 물
- 소금 ⅔스푼

1

물 2컵에 팥을 넣고 소금을 녹여서 끓기 시작할
때부터 10분 삶아 주세요. 팥 삶은 물은 버리지
마세요.

point — 소금을 넣어 삶으면 팥이 부서지지 않습니다.

2

불려 놓은 찹쌀, 멥쌀, 찰수수, 기장, 서리태, 호랑
이콩을 채반에 밭쳐 물기를 빼면서 섞어 주세요.

3

찜기 밑에 물을 적당량 넣고 삼베보를 깔아 준
다음 잡곡을 부어 주세요. 밤, 대추, 은행, 삶은
팥을 올리고 면보를 덮은 다음 위에 접시를 뒤
집은 상태로 올려 눌러 주세요.

point — 수증기가 가운데에만 고여서 오곡밥이 질척거릴 수
있는데 접시가 이를 막아 줍니다.

4

뚜껑을 닫고 김이 올라올 때부터 50분간 쪄 주
세요. 30분 정도 지났을 때 팥 삶은 물에 설탕,
올리브오일을 넣고 잘 섞어 오곡밥 위에 흩뿌리
고, 면보와 접시를 다시 올려 20분 더 쪄 주세요.

141

06

정월대보름나물 3종

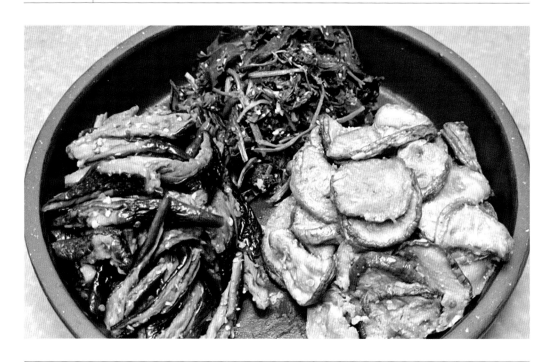

미리 준비하기 건취나물의 뻣뻣한 줄기는 제거해 주세요.

말린 호박과 말린 가지는 미지근한 물에 40분 불려 주세요.

→ 뜨거운 물로 불리면 나물의 맛있는 맛이 다 빠져 버립니다.

재료

- 건취나물 불린 것 200g
- 말린 호박 100g
- 말린 가지 80g

양념

- 다진 마늘 가득 2스푼
- 들기름 2스푼
- 국간장 3스푼
- 까나리액젓 1½스푼

볶을 때

- 물 조금
- 들깻가루
- 참기름
- 소금(최종 간 맞추기)

1

물이 끓어오를 때 취나물을 넣어 중불로 15분 삶아 주세요. 이후 찬물에 헹구고 물기를 짜 주세요. 불려 놓은 호박과 가지의 물을 버리고 물기를 꾹 짜 주세요.

2

취나물은 알맞게 썰고, 가지는 굵은 것만 썰어 주세요.

3

양념 만들기 다진 마늘, 들기름, 국간장, 까나리액젓을 잘 섞어 주세요. 3가지 나물에 양념을 나누어 적당량을 넣고 양념이 잘 배게 무친 후 10분 기다려 주세요.

4

팬이 가열되면 양념해 놓은 취나물을 넣어 1분간 볶은 다음, 물을 넣고 뚜껑을 닫아 중불로 3분 익혀 주세요. 마지막에 들깻가루와 참기름을 넣은 후 간을 확인해 주세요. 간은 짭조름해야 합니다. 심심하면 소금으로 간을 해 주세요.

5

호박, 가지를 같은 방법으로 볶아 주세요.

point ― 볶는 동안 나물이 마르면 물을 넣어 볶아 주세요.

143

미리 준비하기 대파는 잘게 썰어 주세요.

무는 채 썰어 주세요.

재료
- 무 ½개(700g)
- 천일염 ½스푼
- 참기름 1스푼
- 설탕 ½스푼
  (가을 무에는 넣지 않음)
- 맛소금 ¼스푼

- 건새우 우린 물 ½컵(건새우 ½줌
  + 뜨거운 물 ½컵)
- 들기름 1스푼
- 대파 20cm
- 통깨 1스푼

1

건새우를 전자레인지에 30초 돌려서 비린내를 없애 주고, 뜨거운 물을 부어서 20분 불려 주세요.

2

팬에 채 썬 무와 천일염을 넣고 15분 절인 다음 참기름을 넣고 강불로 2분 볶아 주세요.

3

약불로 낮춘 다음 설탕, 맛소금, 건새우 우려낸 물을 부어 주고 3분 삶아 주세요.

4

들기름, 대파를 넣고 한 번 섞은 후 식혀 주세요. 통깨로 마무리해 주세요.

고사리나물

__미리 준비하기__ 건고사리를 6시간 동안 불려 주세요.

재료
- 건고사리 60g(6시간 불리면 400g)
- 밀가루 1스푼
- 다진 마늘 1스푼
- 국간장 2½스푼
- 참기름 1스푼
- 물 ⅓컵
- 들깻가루 ½스푼
- 대파 ½대
- 들기름 1스푼
- 통깨 1스푼

1

불려 놓은 고사리에 밀가루 1스푼을 풀고 20분 두면 고사리 특유의 비린내가 사라져요.

point — 고사리 삶았던 물은 버리지 않습니다.

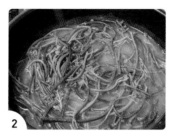

2

밀가루 물과 함께 고사리를 삶아 주세요. 끓어오를 때부터 5분 삶아 주세요.

3

채반에 옮겨 30분 동안 찬물에 담가 주세요. 이후 고사리만 건지고 물기를 빼 주세요.

4

물기 뺀 고사리에 다진 마늘, 국간장, 참기름을 넣고 조물조물 밑간해 주세요.

5

팬에 밑간한 고사리를 넣고 중불로 볶아 주세요. 2분 볶은 뒤 물 ⅓컵, 들깻가루, 대파, 들기름, 통깨 넣고 볶아서 마무리해 주세요.

point — 제사상에 올릴 때는 파, 마늘을 안 넣어도 됩니다.

<u>미리 준비하기</u> 당근은 얇게 채 썰어 주세요.
청양고추는 잘게 다져 주세요.

재료

• 숙주 400g
• 물 1컵
• 당근 30g

• 청양고추 1개
• 국간장 1스푼
• 소금 ⅓스푼

• 다진 마늘 ½스푼
• 참기름 ½스푼
• 통깨 1스푼

1

숙주를 담은 냄비 가운데에 공간이 생기게 해서 물 1컵을 부어 주세요. 이후 뚜껑을 닫고 2분 40초 쪄 주세요.

2

숙주는 채반에 밭치고, 남은 물에 채 썬 당근을 넣어 데쳐 주세요.

3

숙주를 찬물에 식힌 다음 물기를 빼 주세요.

4

당근과 데친 물을 절반만 볼에 담고, 물기 뺀 숙주와 청양고추, 국간장, 소금, 다진 마늘, 참기름, 간 통깨를 넣어 섞고 간을 해 주세요.

point — 제사상에 올릴 때는 마늘을 안 넣어도 됩니다.

10

동태전

미리 준비하기 키친타월에 동태포를 올려 3시간 정도 두어 물기를 완전히 제거해 주세요.
홍고추는 토핑용으로 얇게 썰어 주세요.

재료
- 동태포 1팩(500g)
- 소금 ½스푼
- 후추 3꼬집

- 달걀 4개(1개는 노른자만 사용)
- 참기름 ½스푼
- 밀가루 ½컵

- 홍고추 1개
- 식용유 적당량

1

소금, 후추를 섞어서 동태포 앞뒤에 뿌려 밑간해 주세요.

2

달걀 4개(1개는 노른자만 사용)를 잘 풀고, 참기름을 넣고 섞어 주세요.

3

동태포에 밀가루를 앞뒤로 묻혀 주세요.

point — 밀가루가 뭉치지 않게 골고루 펴 발라 줍니다.

4

팬에 식용유를 적당량 두르고 동태포를 달걀물에 묻혀서 올려 주세요. 토핑용으로 썰어 둔 홍고추를 올려 앞뒤로 부쳐 주세요.

새우전

미리 준비하기 양파, 당근, 대파, 청양고추, 홍고추를 잘게 다져 주세요.

재료
- 생새우 600g(손질 후 360g)
- 미림 1스푼
- 소금 2꼬집
- 양파 ½개
- 당근 50g
- 대파 ½대
- 청양고추 1개
- 홍고추 1개
- 달걀 1개
- 소금 ⅓스푼
- 후추 2꼬집
- 감자전분 가득 2스푼

1

생새우는 손질 후 속살만 깨끗
하게 씻어서 준비해 주세요.

2

손질한 생새우에 미림, 소금을
넣고 섞어서 20분 놓아 주세요.

3

생새우를 칼로 여러 번 다져 주
세요. 입자가 어느 정도 살아
있는 것이 좋습니다.

4

생새우에 다진 채소, 달걀, 소
금, 후추, 감자전분을 넣고 섞
어 주세요.

5

팬에 식용유를 적당량 두르고
부쳐 주세요.

153

미리 준비하기 생강은 편 썰어 주세요.

계피는 솔로 비벼 찬물에 깨끗이 씻어 주세요.

재료

- 물 5L
- 계피 60g
- 생강 60g

- 흑설탕 320g
- 대추 3개
- 곶감 3개

- 호두 3개
- 잣 조금

154

1

물 5L, 계피, 생강을 넣고 끓기 시작하면 중강불로 1시간 끓여 주세요.

2

대추는 돌려 깎은 후 씨를 빼고 돌돌 말아 예쁘게 썰어 주세요. 곶감에 칼집을 내어 씨를 빼고 호두를 넣고 말아서 예쁘게 썰어 주세요.

3

끓인 지 1시간이 지나면 불을 끄고 미지근할 때까지 식혀 주세요.

point — 미지근한 상태에서 설탕을 넣어야 잘 만들어집니다.

4

수정과를 담을 통에 채반을 얹고 면보를 깐 상태에서 수정과를 부어 걸러 주세요.

point — 맑고 깨끗한 수정과를 만드는 과정입니다.

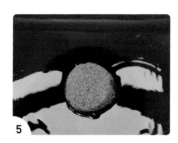

5

수정과에 흑설탕을 넣고 맛을 보면서 단맛을 조절해 주세요.

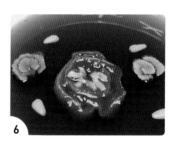

6

그릇에 수정과를 담고 대추와 곶감, 잣으로 고명을 올려 주세요.

특식

기사식당 돼지불백

재료

- 돼지고기 앞다릿살 600g
  (두께 4mm)
- 양파 ⅔개(채 썰기) + ⅓개
  (강판에 갈기)
- 청양고추 1개
- 대파 ½대
- 후추 3꼬집

양념

- 진간장 3스푼
- 굴소스 가득 1스푼
- 된장 ½스푼
- 다진 마늘 1스푼
- 다진 생강 ½스푼
- 소주 3스푼
- 흑설탕 가득 1스푼
- 물엿 2스푼

1

양파 ⅓개를 강판에 갈아 주세요.

2

강판에 간 양파에 진간장, 굴소스, 된장, 다진 마늘, 다진 생강, 소주, 흑설탕, 물엿을 넣고 양념을 만들어 주세요.

3

양념에 돼지고기 앞다릿살을 재운 다음 30분 숙성해 주세요.

4

양파 ⅔개, 청양고추, 대파를 썰어 주세요.

5

팬에 숙성시킨 앞다릿살을 넣고 볶다가 수분이 없어지면 양파, 청양고추를 넣고 계속 볶아 주세요.

6

고기가 다 익으면 대파, 후추를 넣고 볶아 주세요.

02 | 묵은지 삼겹살찜

__미리 준비 하기__　양파, 대파, 청양고추를 썰어 주세요.

재료	양념	고명
· 묵은지(김칫소 제거) ⅓포기	· 고춧가루 가득 2스푼	· 대파 1대
· 통삼겹살 1근(600g)	· 다진 마늘 1스푼	
· 소주 ¼컵	· 새우젓 1스푼	
· 된장 ½스푼	· 설탕 1스푼	
· 식용유 1스푼	· 청양고추 2개	
· 양파 1개		
· 건다시마 10g		
· 멸치 1줌		
· 물 1L		

1

물 1L에 전자레인지에 돌린 멸
치와 건다시마를 넣고 불을 켜
주세요. 끓어오를 때부터 5분
후에 다시마는 꺼내 주고, 10분
더 끓여 주세요.

2

팬에 식용유를 두르고 삼겹살
껍질을 아래로 향해서 익혀 주
고, 껍질이 익으면 골고루 노릇
노릇하게 익혀 주세요.

3

소주에 된장을 풀어서 삼겹살
에 붓고 약불로 구워 주세요.

point ─ 소주와 된장은 삼겹살의 잡내
를 잡아 줍니다.

4

겉면이 노릇노릇한 삼겹살을
굵직하게 썰어 주고, 남은 된장
소주 국물은 한쪽에 잘 담아 놓
으세요.
양파를 살짝 볶아 주고, 양파
위에 삼겹살을 얹은 후 가스불
을 꺼 주세요.

5

묵은지 겉에 묻은 양념을 훑어
서 삼겹살 위에 올리고, 따로
담아 놓은 된장소주 국물을 부
어 주세요. 다시마, 멸치육수
를 체에 밭쳐 부어 주세요.

6

고춧가루, 다진 마늘, 새우젓,
설탕을 둘러 주고 뚜껑을 닫
고 중불로 30분 끓인 후 청양
고추, 대파를 넣고 5분 더 끓여
주세요.

미리 준비하기　대파, 청양고추는 쫑쫑 썰어 주세요.

생강은 편 썰어 주세요.

재료	**핏물 빼기**	**일반 양념**	·감자전분 1스푼
	·돼지등갈비 1kg	·진간장 ⅓컵	·케첩 1스푼
	·물 700mL	·물 ⅔컵	·물엿 1스푼
	·설탕 2스푼	·굴소스 1스푼	·캐러멜 ¼스푼
		·유자청 2스푼	
	초벌 삶기	·콜라 150mL	**나머지 재료**
	·물 700mL	·미림 3스푼	·대파 1대
	·콜라 350mL	·다진 마늘 1스푼	·청양고추 1개
	·소주 1컵		·후추 2꼬집
	·생강 1톨	**특제 양념**	
	·통후추 20알	·물 3스푼	

1
등갈비에 물 700mL와 설탕 2스
푼을 같이 넣고 20분 정도 두어
핏물을 빼 주세요.

2
핏물이 빠진 등갈비를 찬물로
깨끗이 2번 씻어 주세요.

3
등갈비에 물 700mL, 콜라, 소
주, 생강, 통후추를 넣고 끓어
오르면 불순물을 걷어 내고 5분
더 끓인 다음, 뚜껑을 닫고 강불
로 10분 더 삶아 주세요. 이후
찬물에 씻고 등갈비에 칼집을
내 주세요.

4
진간장, 물 ⅔컵, 굴소스, 유자
청, 콜라, 미림, 다진 마늘을 넣
고 섞어 일반 양념을 만들어 주
세요.

5
물 3스푼에 감자전분을 풀어서
케첩, 물엿, 캐러멜을 넣고 섞
어 특제 양념을 만들어 주세요.

6
등갈비가 담긴 팬에 일반 양념
을 넣고 뚜껑을 닫아 중불로 7분
을 끓인 다음 앞뒤로 뒤집어 주
세요. 썰어 둔 대파, 청양고추,
특제 양념을 넣고 뚜껑을 닫아
중불로 8분 더 끓인 다음 후추
로 마무리해 주세요.

04 | 소불고기

미리 준비하기 당면은 미지근한 물에 30분 불려 주세요.

배 ½개를 강판에 갈아서 즙을 만들어 주세요.

대파 1대를 어슷 썰어 주세요.

재료

- 소 등심(불고기용) 600g
- 당면 30g
- 대파 1대

양념

- 배 ½개
- 다진 마늘 가득 1스푼
- 흑설탕 2스푼
- 진간장 6스푼
- 미림 3스푼
- 연겨자 2cm
- 소금 ½스푼
- 참기름 1스푼
- 후추 3꼬집

- 물 1컵

채소(2인분 기준)

- 양파 ¼개
- 팽이버섯 ½개
- 당근 조금
- 대파 ½대
- 느타리버섯 1줌
- 알배기배추 조금

1

강판에 갈아 놓은 배와 다진 마늘, 흑설탕, 진간장, 미림, 연겨자, 소금, 참기름, 후추, 물 1컵을 섞어 양념을 만들어 주세요.

2

소 등심을 키친타월로 감싸서 물기와 핏물을 빼 주세요.

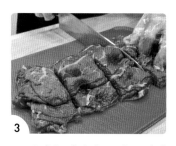

3

소 등심을 적당한 크기로 썰어 주세요.

4

양념에 소 등심, 썰어 놓은 대파를 넣고 충분히 재워 주세요.

5

양념에 잰 고기를 팬에 올리고 준비한 채소와 당면을 넣어 주세요. 뚜껑을 닫고 고기를 충분히 익혀 주세요.

재료

- 주꾸미 1kg(11마리)
- 밀가루 2스푼
- 소금 1스푼
- 소주 2스푼
- 버터 10g
- 양파 ⅔개
- 당근 조금
- 청양고추 3개
- 대파 1대

양념

- 감자전분 1스푼
- 고추기름 1스푼
- 고춧가루 3스푼
- 진간장 3스푼
- 굴소스 가득 1스푼
- 다진 마늘 1스푼
- 다진 생강 ½스푼
- 물엿 2스푼
- 설탕 1스푼

나머지 재료

- 참기름 1스푼
- 후추 ¼스푼
- 통깨 1스푼

1

주꾸미에 밀가루, 소금을 넣어 주물러 준 후 물로 2~3회 헹구어 주세요.

point — 밀가루에 흡착력이 있어서 주꾸미의 이물질이 잘 빠집니다.

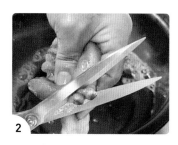

2

주꾸미 대가리를 뒤집어서 내장을 제거해 주세요. 주꾸미 눈과 다리 쪽에 있는 이빨도 가위로 제거하고 머리와 다리는 먹기 좋은 크기로 잘라 주세요.

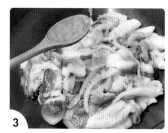

3

손질한 주꾸미를 깨끗이 씻어서 웍에 담고 소주를 넣어 강불로 1분 30초 찐 후 씻지 말고 그냥 식혀 주세요.

point — 소주가 주꾸미의 비린내를 잡아 줍니다.

4

가열한 다른 팬에 버터와 양파를 넣어 노릇하게 볶아 주세요. 이후 당근, 청양고추를 넣고 볶으면서 수분을 날려 주세요. 불을 끄고 주꾸미와 감자전분을 넣어 남은 잔열로 볶아 주세요.

5

고추기름, 고춧가루, 진간장, 굴소스, 다진 마늘, 다진 생강, 물엿, 설탕을 넣고 강불로 볶다가 중불로 낮추고 대파를 넣고 계속 볶아 주세요.

6

참기름, 후추, 통깨를 넣고 한 번 더 볶아 주세요.

167

스팸두부짜글이

미리 준비하기 양파, 애호박, 대파, 청양고추, 두부, 스팸, 감자를 썰어 주세요.

재료
- 스팸 1개(200g)
- 감자 1개
- 양파 ½개
- 식용유 ½스푼
- 고추기름 2스푼

- 다진 마늘 1스푼
- 진간장 3스푼
- 애호박 ½개
- 청양고추 2개
- 설탕 깎아서 1스푼

- 물 1½컵
- 두부 1팩(300g)
- 멸치액젓 1스푼
- 대파 ½대

1 스팸을 뜨거운 물에 30초 담갔다가 물기를 제거해 주세요.

2 팬에 식용유를 두르고 감자, 양파를 넣고 중강불로 볶아 주세요. 양파가 노릇해지면 고추기름, 다진 마늘, 진간장을 넣고 약불로 낮춰 주세요.

3 스팸, 애호박, 청양고추, 설탕을 넣고 볶다가 물 1½컵을 넣어 주세요. 이후 뚜껑을 닫고 강불로 3분 끓여 주세요.

4 3분 후에 두부와 멸치액젓을 넣고 뚜껑을 닫아 3분 더 끓인 다음 대파를 넣고 마무리해 주세요.

07

코다리조림

<u>미리 준비하기</u> 무, 양파, 청양고추, 대파를 썰어 주세요.

재료

- 코다리 2마리
- 소금 ⅓스푼
- 무 240g
- 양파 ½개
- 청양고추 2개
- 대파 1대

양념

- 고추기름 가득 2스푼
- 고춧가루 2스푼
- 설탕 1스푼
- 다진 마늘 1스푼
- 다진 생강 ½스푼
- 물엿 1스푼

- 진간장 3스푼
- 멸치액젓 1스푼
- 미림 3스푼
- 감자전분 1스푼
- 미원 2꼬집
- 물 3컵

1

코다리를 물로 헹군 다음 아가미와 지느러미, 꼬리를 잘라 주세요. 코다리 안쪽에는 내장찌꺼기가 남아 있으니 제거하고 헹궈 주세요.

point— 코다리 아가미에서 비린내가 많이 나니 반드시 제거합니다.

2

코다리를 반으로만 자르고, 코다리 안팎으로 소금간을 해 주세요. 밑간한 코다리를 비닐팩에 넣어 하룻밤 냉동 보관한 후 사용해 주세요.

3

양념 재료와 무를 넣고 끓기 시작하면 10분 더 끓여 주세요. 냉동 보관한 코다리를 양념 위에 올려 주고, 양파와 청양고추를 넣고 국물을 코다리 위에 끼얹은 후 5분 동안 졸여 주세요.

4

감자전분, 미원, 물을 섞어 풀어 준 후 코다리에 붓고, 대파도 넣어 주세요.

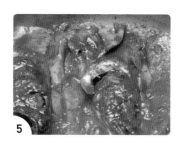

5

5분 더 졸여 주세요.

미리 준비하기 멥쌀 ½컵과 찹쌀 ⅓컵을 2시간 불려 주세요.

건표고버섯 1개를 30분 불려 주세요.

재료
- 전복 3마리
- 천일염 1스푼
- 멥쌀 ½컵
- 찹쌀 ⅓컵

- 건표고버섯 1개
- 참기름 2스푼
- 물 600mL(1차) + 300mL(2차)
- 당근 40g

- 국간장 1스푼
- 멸치액젓 ½스푼
- 소금 ⅓스푼
- 부추 5가닥

1

전복에 물을 살짝 묻히고 천일염을 뿌려서 솔로 닦고, 흐르는 찬물로 씻어 주세요. 숟가락으로 전복 살을 떼어내고 이빨을 꼭 제거한 다음 굵직하게 썰어 주세요. (내장도 사용합니다.)

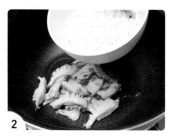

2

팬에 참기름을 두르고 전복과 내장, 2시간 불린 멥쌀, 찹쌀을 넣어 충분히 볶아 주세요.

3

2분 볶은 후 물 600mL를 넣고 끓어오를 때부터 중약불로 15분을 끓여 주세요.

4

물 300mL, 불린 건표고버섯, 버섯 불릴 때 사용했던 물, 당근을 넣어 주세요. 국간장, 멸치액젓, 소금을 넣고 섞은 후 약불로 15분 더 끓여 주세요.

5

총 30분 후 부추 5가닥을 썰어 넣어 주세요.

	09	굴림만두

미리 준비하기 건당면 40g을 물에 1시간 동안 불려 주세요.

재료
- 돼지고기 다짐육 300g
- 미림 2스푼
- 황설탕 1스푼
- 후추 3꼬집

다지는 재료
- 두부 150g
- 부추 1줌(150g)
- 당근 50g
- 양파 ½개
- 대파 ½대
- 건당면 40g

만두소 양념
- 소금 ½스푼
- 진간장 3스푼
- 다진 마늘 1스푼
- 참기름 1스푼
- 볶은 콩가루 3스푼
- 달걀 1개
- 감자전분 ¾컵

돼지고기 다짐육, 미림, 황설탕, 후추를 섞어서 밑간한 다음 30분 기다려 주세요.

point— 밑간이 굉장히 중요합니다. 돼지고기 특유의 냄새도 잡고 고기가 연해집니다.

두부를 키친타월로 말아서 물기를 뺀 다음 칼로 으깨고, 볼에 담아 주세요.

부추, 당근, 양파, 대파, 건당면을 잘게 다져서 으깬 두부와 섞어 주세요.

볼에 소금, 진간장, 다진 마늘, 참기름, 볶은 콩가루, 달걀을 풀어 넣고 섞어 주세요. 이후 손으로 동그랗게 뭉쳐 만두 모양을 내 주세요.

트레이에 감자전분을 깔고 만두 반죽을 굴려서 감자전분을 골고루 묻혀 주세요.

point— 뭉쳐 있는 감자전분을 꼭 털어 내 주세요. 쪘을 때 하얗게 전분이 남아 있을 수 있습니다.

찜기에 물을 묻힌 면보를 깐 다음 만두를 넣고 뚜껑을 닫아 물이 끓기 시작할 때부터 12분 쪄 주세요.

10 잔치국수

미리 준비하기 대파, 양파, 무, 청양고추, 당근, 애호박, 부추를 썰어 주세요.

재료

- 소면 2인분(200g)
- 애호박 75g
- 당근 35g
- 부추 10가닥
- 식용유 1스푼
- 소금 3꼬집
- 달래장 1스푼
- 통깨 1스푼
- 김가루 조금

- 달래장이 없을 경우 국간장과 소금을 적당량 넣고 간을 맞춰 주세요.

육수
- 물 1.3L
- 국물멸치 1줌
- 건새우 ½줌
- 건다시마 10g

- 무 1조각
- 대파 1뿌리
- 양파 ½개
- 청양고추 1개
- 까나리액젓 1스푼
- 국간장 1스푼
- 소주 ¼컵

육수 만들기 물 1.3L에 국물멸치, 건새우, 건다시마, 무, 대파, 양파, 청양고추를 넣고 15분 끓여 주세요.

point— 국물멸치, 건새우를 전자레인지에 40초 돌려 주면 비린내가 없어집니다.

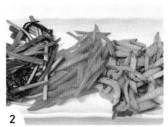

팬에 식용유를 두르고 애호박, 당근, 부추를 각각 소금 1꼬집씩 넣고 따로 볶아 주세요.

육수를 7분 끓인 후에 다시마를 건져 주세요. 8분 후 끓인 재료들을 모두 건져 내고, 까나리액젓, 국간장, 소주를 넣어 육수를 만들어 주세요.

끓는 물에 면을 넣고 3분 30초 삶아 주세요. 중간에 물이 넘치면 찬물을 끼얹어 주세요.

삶은 면을 찬물에 헹궈서 전분기를 빼 주세요.

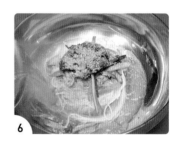

삶은 면 사리에 애호박, 당근, 부추, 달래장, 간 통깨, 육수를 넣어 주세요. 마지막으로 김가루를 올려 주세요.

미리 준비하기 달걀 1개를 풀어 주세요.

물 ⅕컵에 소금 ⅓스푼을 녹여 주세요.

감자, 애호박, 양파, 당근, 청양고추, 대파를 채 썰어 주세요.

재료

반죽
- 밀가루 1½컵
- 감자전분 ½컵
- 달걀 1개
- 물 1컵 + ⅕컵(소금 풀 때)
- 소금 ⅓스푼

채소
- 감자 1개
- 애호박 ½개
- 당근 조금
- 청양고추 1개
- 대파 ½대
- 양파 ½개

육수
- 국물멸치 1줌
- 건새우 1줌
- 건다시마 10g
- 물 2L

양념
- 국간장 2스푼
- 소금 ⅓스푼
- 다진 마늘 ½스푼

1

밀가루, 감자전분에 달걀물, 물 1컵에 준비한 소금물을 넣고 섞어 주세요.

point― 반죽은 질어야 합니다.

2

물 2L에 국물멸치와 건새우를 넣은 다시백, 건다시마를 넣고 끓어오르는 때부터 10분 끓여서 육수를 만들어 주세요.

3

10분 후 국물멸치, 건새우, 다시마를 건져 내고 감자를 넣어 주세요. 숟가락 2개를 이용해서 수제비를 떠 주세요. 반죽을 절반 정도 넣었을 때 애호박, 당근을 넣은 다음 남은 반죽도 수제비를 떠 주세요.

4

국간장, 소금으로 간을 맞추고 양파, 다진 마늘을 넣어 주세요.

5

청양고추, 대파를 넣고 마무리해 주세요.

12

꼬마김밥

<u>미리 준비하기</u> 어묵, 청양고추를 썰어 주세요.

재료

- 김밥용 김 4장
- 고두밥 2공기
- 소금 2꼬집(밥) + 1꼬집(지단)
- 참기름 1스푼
- 식초 ½스푼

- 통깨 ½스푼
- 달걀 3개
- 어묵 2장
- 청양고추 1개
- 진간장 1스푼

- 굴소스 ⅓스푼
- 다진 마늘 ⅓스푼
- 물엿 1스푼
- 간장무장아찌 조금

1

김밥용 김을 접어서 4등분해
주세요.

2

간장무장아찌(단무지로 대체 가
능)를 김 크기에 맞춰서 썬 다
음 찬물에 30분 담가 주세요.
이후 건져서 키친타월로 물기
를 제거해 주세요.

3

달걀 3개를 풀어 소금 1꼬집을
넣고, 가열된 팬에 부어서 지단
을 만들어 주세요. 이후 김 크
기에 맞춰 썰어 주세요.

4

청양고추, 진간장, 굴소스, 다
진 마늘, 물엿을 넣고 양념을
섞은 다음 어묵을 넣고 볶아 주
세요.

5

밥 2공기에 소금, 참기름, 식
초, 통깨를 넣고 섞어서 밑간을
해 주세요.

6

김 1장에 밥 1스푼, 간장무장
아찌 1개, 어묵 2개, 지단 1개
를 넣고 김밥을 말아 주세요.
겉면에 참기름을 발라 마무리
해 주세요.

13

묵사발

재료

- 도토리묵 1팩(400g)
- 식은 밥 3스푼

도토리묵 밑간

- 소금 ⅓스푼
- 들기름 1스푼

김치 밑간

- 신김치 1컵
- 황설탕 ½스푼
- 다진 마늘 ½스푼
- 청양고추 1개

고명

- 오이 ¼개
- 깻잎 3장
- 쪽파 조금
- 김가루 조금
- 통깨 1스푼

육수

- 물 2컵
- 국간장 1스푼
- 매실액 2스푼
- 식초 2스푼
- 얼음 12조각

1 도토리묵이 잠길 정도의 물에 도토리묵을 넣고 데쳐 주세요. 물이 끓어오르면 불을 바로 끄고, 10분 정도 뜸을 들인 후 찬물에 충분히 식혀 주세요.

point— 도토리묵을 잠깐 데치면 더 탱글탱글해집니다.

2 오이, 깻잎을 채 썰고, 쪽파와 청양고추를 잘게 썰어 주세요. 도토리묵은 굵직하게 썰어서 소금, 들기름을 넣고 밑간을 해 주세요.

3 신김치를 길쭉길쭉하게 썬 다음 황설탕, 다진 마늘을 넣고 밑간을 해 주세요.

point— 설탕이 신김치의 신맛을 잡아 줍니다.

4 육수 만들기 얼음, 물 2컵, 국간장, 매실청, 식초를 섞어 주세요.

point— 식초는 취향껏 조절해 주세요.

5 도토리묵 가운데에 식은 밥을 넣고 밑간해 둔 신김치, 오이, 깻잎을 올린 다음 시원한 육수를 부어 주세요. 김가루, 쪽파와 간 통깨를 올려 주세요.

14

황태양념구이

미리 준비하기 찹쌀 1½스푼을 찬물에 2시간 불리고, 물기를 제거해 주세요.

재료
- 황태 1마리
- 진간장 ½스푼
- 미림 1스푼
- 참기름 1스푼
- 찹쌀 1½스푼
- 식용유 1스푼
- 쪽파 조금
- 통깨 ½스푼

양념
- 고추장 가득 1스푼
- 고춧가루 가득 1스푼
- 진간장 ½스푼
- 미림 1스푼
- 다진 마늘 1스푼
- 생강술 1스푼
- 설탕 1스푼
- 물엿 1스푼

1

황태는 머리를 잘라 내고, 먼지만 제거할 정도로 살짝 씻어 준 다음 물기를 짜 주세요. 지느러미와 잔가시를 가위로 제거해 주세요.

2

황태를 칼등으로 두드려 주세요. 이후 양념이 잘 배게 칼집을 내 주세요.

3

진간장, 미림, 참기름을 섞은 다음 황태의 앞뒤에 발라 밑간을 해 주세요.

4

불린 찹쌀을 갈아서 황태의 앞뒤에 뿌려 주세요.

5

고추장, 고춧가루, 진간장, 미림, 다진 마늘, 생강술(생강즙), 설탕, 물엿을 넣고 섞어 주세요.

6

팬에 식용유를 두르고 황태의 살 부분부터 구워 주세요. 어느 정도 구워지면 양념을 앞뒤로 발라 주고 약불로 천천히 구워 주세요. 쪽파, 통깨로 마무리해 주세요.

15

호박잎쌈과 강된장

미리 준비하기 멸치 1줌을 전자레인지에 30초 돌려 주세요.

호박잎 줄기의 껍질을 벗겨 내고 깨끗이 씻어 주세요.

→ 호박잎 줄기의 껍질을 벗겨 내야 질기지 않습니다.

애호박, 청양고추, 생표고버섯을 잘게 썰어 주세요.

재료

- 호박잎 1단
- 양파 ½개
- 대파 ½대
- 식용유 2스푼
- 애호박 ½개

- 청양고추 3개
- 생표고버섯 2개
- 다진 마늘 1스푼
- 중멸 1줌
- 설탕 ½스푼

- 된장 가득 3스푼
- 고춧가루 ½스푼
- 통깨 1스푼
- 참기름 1스푼

1

찜기에 호박잎을 넣고 5분 찐 후 바로 꺼내서 식혀 주세요.

2

강된장 만들기 양파, 대파를 썰어서 팬에 담고 식용유 2스푼을 두르고 볶아 주세요.

3

노릇노릇하게 볶였을 때 애호박, 청양고추, 표고버섯, 다진 마늘을 넣고 계속 볶아 주세요.

4

수분이 날아가면 물 1컵, 전자레인지에 돌린 멸치, 설탕, 된장을 넣고 중불로 5분 끓여 주세요.

5

5분이 지난 후 고춧가루를 넣어 색감을 조절해 주세요.

point ─ 고추장을 넣으면 짤 수 있습니다.

6

약불로 줄인 후 간 통깨를 넣고 참기름을 둘러 주세요.

16

배추전

미리 준비하기 달걀 2개를 잘 풀어서 달걀물을 만들어 주세요.

재료

· 알배기배추 1개
· 소금 적당량
· 설탕 적당량
· 톳가루 적당량
· 밀가루 ½컵
· 달걀 2개
· 식용유 적당량

간장 소스

· 진간장 1스푼
· 물 1스푼
· 식초 ¼스푼
· 청양고추 ½개
· 설탕 2꼬집

1

배춧잎을 뒤집어서 뿌리 쪽에
2번 칼집을 낸 후 칼날로 두들
거 주세요.

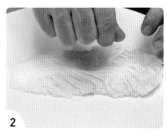

2

배춧잎의 앞뒤로 소금과 설탕
을 적당히 뿌려 주세요.

point— 설탕은 여름배추에만 뿌려 주
세요. 가을배추는 단맛이 강해 설탕을
사용하지 않습니다.

3

배춧잎 앞뒤로 톳가루를 뿌려
주세요.

point— 톳가루 대신 흑임자나 볶은 통
깨로 대체할 수 있습니다.

4

배춧잎에 밀가루를 골고루 묻
힌 다음 달걀물에 적셔 주세요.

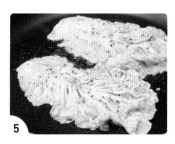

5

팬에 식용유를 두르고 반죽을
묻힌 배춧잎을 올려 부쳐 주세
요.

미리 준비하기 당근, 팽이버섯, 청양고추를 썰어 주세요.

부추는 4cm 간격으로 썰어 주세요.

건새우는 다져서 전자레인지에 30초 돌려 주세요.

재료
- 부추 1줌(200g)
- 당근 50g
- 팽이버섯 1봉지
- 청양고추 2개

- 건새우 1줌
- 물 1컵
- 얼음 8조각
- 까나리액젓 1스푼

- 부침가루 1½컵
- 식용유 적당량

1

물에 얼음을 넣어 녹인 다음 까나리액젓으로 간
을 해 주세요.

point— 소금이 아닌 까나리액젓으로 간을 하면 감칠맛이 더
해집니다.

2

부침가루와 얼음물을 충분히 섞어 주세요.

3

부추, 팽이버섯, 청양고추, 당근, 건새우를 넣고
반죽을 섞어 주세요.

4

팬에 식용유를 두르고 반죽을 올려 노릇노릇하
게 부쳐 주세요.

미리 준비하기 오징어, 양파, 청양고추를 썰어 주세요.

재료

- 신김치 ¼포기(250g)
- 오징어 1마리
- 양파 ¼개
- 청양고추 1개

- 고춧가루 1스푼
- 황설탕 ½스푼
- 까나리액젓 ½스푼
- 물 ⅔컵

- 얼음 3조각
- 부침가루 2컵
- 튀김가루 2스푼
- 식용유 넉넉히

1

신김치를 가위로 잘게 잘라서
볼에 담고, 오징어, 양파, 청양
고추, 고춧가루, 황설탕, 까나
리액젓을 넣어 주세요.

point — 김치가 심심한 경우 까나리액
젓으로 간을 조절하면 됩니다.

2

물에 얼음을 넣어 녹여 주세요.

point — 반죽에 얼음을 넣으면 전이 더
욱 바삭해집니다.

3

김치를 담은 볼에 부침가루, 튀
김가루, 얼음물을 넣어 반죽을
섞어 주세요.

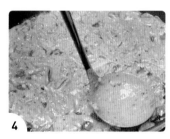

4

팬에 식용유를 넉넉히 두르고
반죽을 올려 부쳐 주세요.

point — 김치전을 부치는 중간에 튀김
가루를 김치전 표면에 뿌려 주면 더욱
바삭해집니다.

5

골고루 익힌 다음 뒤집어서 다
시 2분 정도 부쳐 주세요.

미리 준비하기 대파를 썰어 주세요.

달걀을 풀어 주세요.

재료
- 라면 1봉지
- 물 3컵(600mL)
- 멸치액젓 ¼스푼
- 달걀 1개
- 대파 15cm

물이 끓어오를 때 건더기스프, 분말스프, 라면을 넣어 센불로 4분을 끓여 주세요.

point— 라면은 얇은 냄비를 사용해야 맛있게 끓일 수 있습니다. 두꺼운 냄비를 사용할 경우 물을 550mL로 해 주세요.

끓이는 시간 4분 중 30초 남았을 때 멸치액젓을 넣고 면을 건져 주세요.

point— 멸치액젓을 넣으면 감칠맛이 올라갑니다. 절대 짜지 않습니다.

라면 국물에 대파와 달걀물과 넣고 살짝 저어 주세요.

건져 놓은 면에 국물을 부어 주세요.

콩튀김

재료
- 서리태 1컵
- 찹쌀가루 가득 2스푼(1차) + 1스푼(2차)
- 소금 2꼬집
- 물 500mL
- 식용유 2컵

1
서리태를 깨끗하게 3번 씻고, 찬물을 받아서 1시간 동안 불려 주세요. 이후 채반에 밭쳐 물기를 충분히 빼 주세요.

2
물기 뺀 서리태에 찹쌀가루 2스푼을 넣고 골고루 묻혀 주세요.

3
찜기 밑에 물 500mL를 부어 주세요. 찜기 위에 서리태를 붓고 물이 끓어오를 때부터 중불로 15분 쪄 주세요.

4
찐 서리태를 그릇에 옮겨 찹쌀가루 1스푼, 소금 2꼬집을 넣고 섞어 주세요. 이후 2시간 반 동안 건조시켜 주세요.

5
식용유를 가열해서 서리태 1개를 넣고 온도를 확인해 주세요. 온도가 알맞으면 채에 담아 적당량씩 튀겨 주세요.

미리 준비하기 대추는 3번 씻어서 찬물에 불려 주세요.

생강은 편으로 썰어 주세요.

재료
- 대추 600g
- 생강 1톨
- 물 2L(끓일 때) + 600mL(받을 때)

1 불려 놓은 대추, 생강, 물 2L를 냄비에 담아 주세요. 뚜껑을 덮지 말고 강불로 10분 끓여 주세요.

2 10분 끓인 이후 뚜껑을 닫고 약불로 1시간 30분 끓여 주세요.

3 총 1시간 40분을 끓인 후 불을 끄고 10분 정도 뜸을 들여 주세요.

point — 좋은 대추로 하면 하얗게 분이 생깁니다.

4 국자로 충분히 으깨어 주세요.

5 으깬 대추를 체에 받쳐 국자로 꾹꾹 눌러 대추고를 받아 주세요. 생수를 조금씩 부어 가면서 눌러 주면 더 잘 받을 수 있습니다.

6 대추고를 냄비에 담아 불을 켜고, 끓어오를 때부터 약불로 20분 끓여 주세요. 기호에 맞게 생수와 잣을 적당량 넣어 드세요.

무조청

미리 준비하기 무, 생강을 썰어 주세요.

대추 20개를 뜨거운 물에 30분 불려 주세요.

찹쌀 800g을 1시간 동안 불려 주세요.

재료
- 무 1개(1.4kg)
- 생강 1톨
- 대추 20개
- 물 1.5L(무) + 1.5L(엿기름)
- 엿기름 500g
- 찹쌀 800g

1

무, 생강, 대추, 물 1.5L를 넣고
끓어오르는 때부터 뚜껑을 닫
고 1시간 삶아 주세요.

2

엿기름 500g에 미지근한 물
1.5L를 붓고 충분히 저어 준 후
1시간 동안 불려 주세요.

point — 파란 새싹이 보이는 엿기름이
맛있습니다.

3

불린 찹쌀로 고두밥을 지어 주
세요.

4

1시간 삶은 무를 꾹꾹 으깨 주
세요. 완성된 찰밥에 불린 엿
기름과 으깬 무를 부은 후 잘
섞어 주세요. 이후 밥솥의 '보
온' 기능으로 6시간 동안 삭혀
주세요.

5

6시간 후 채반에 밭쳐 국자로
꾹꾹 누르며 걸러 주세요. 걸
러진 엿기름물을 고운 채반에
다시 걸러 냄비에 붓고 불을 켜
주세요. 끓기 시작하면 뚜껑을
열고 중약불로 1시간 30분 끓
여 주세요.

6

약불로 줄여 천천히 저어 준 다
음 거품을 싹 걷어 주세요.

23 | 딸기잼

재료
- 딸기 1kg
- 황설탕 2컵(320g)
- 소금 ½스푼

1

딸기를 깨끗하게 씻고 냄비에 담아 으깨 주세요.

2

설탕, 소금을 넣어 강불에서 천천히 저으면서 끓여 주세요.

point — 소금은 감칠맛이 나게 하고 설탕의 당도를 높여 줍니다.

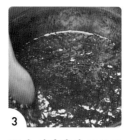

3

끓기 시작하면 중불로 30분 끓인 후 식혀 주세요.

point — 끓이는 과정 중에 생기는 하얀 거품들은 나중에 다 사라집니다.

4

열탕 소독한 유리병에 담아 주세요.

24 | 과일 사라다

재료

- 사과 1개
- 단감 1개
- 귤 2개
- 빨간 파프리카 1개
- 건포도 1스푼
- 설탕 깎아서 1스푼
- 건식 빵가루 가득 3스푼
- 마요네즈 가득 3스푼

1

사과, 단감, 귤, 빨간 파프리카를 먹기 좋게 썰어 주세요.

2

건포도, 설탕, 건식 빵가루, 마요네즈를 넣고 섞어 주세요.